U0610655

微表情心理学

张金超◎编

黑龙江科学技术出版社

HEILONGJIANG SCIENCE AND TECHNOLOGY PRESS

图书在版编目（CIP）数据

微表情心理学 / 张金超编. -- 哈尔滨：黑龙江科
学技术出版社, 2018.12
　　ISBN 978-7-5388-9889-7

　Ⅰ.①微… Ⅱ.①张… Ⅲ.①表情－心理学－通俗读
物 Ⅳ.①B842.6-49

中国版本图书馆CIP数据核字(2018)第257864号

微表情心理学

WEIBIAOQING XINLIXUE

作　　　者	张金超
项目总监	薛方闻
策划编辑	沈福威
责任编辑	闫海波　沈福威
封面设计	陈广领
出　　　版	黑龙江科学技术出版社
	地址：哈尔滨市南岗区公安街70-2号 邮编：150007
	电话：（0451）53642106 传真：（0451）53642143
	网址：www.lkcbs.cn
发　　　行	全国新华书店
印　　　刷	北京铭传印刷有限公司
开　　　本	880 mm × 1230 mm　1/32
印　　　张	6
字　　　数	150千字
版　　　次	2018年12月第1版
印　　　次	2019年3月第2次印刷
书　　　号	ISBN 978-7-5388-9889-7
定　　　价	36.80元

前　言

　　表情是表达情绪和态度的重要窗口。每当我们面对陌生人的时候，就会下意识地观察对方的表情、姿态、动作、生理反应以及衣饰等，希望通过这些来判断这个人的基本性格，但是由于对方的隐藏和掩饰，我们看到的表情并不一定完全是真的。所以，对微表情的辨别和分析就显得尤为重要。

　　微表情作为心理应激反应的一部分，是人类心理本能的反应，无法伪装和掩饰。微表情最短的持续时间是 1/25 秒，最长也不超过 1/4 秒，因为时间短暂，所以极容易被忽视。比起人们有意识做出的表情，稍瞬即逝的微表情则隐藏着人们内心最真实的感情，在微表情的背后，包含着一个人的性格、品味、情感等信息。

　　解读微表情是破解他人心理活动的切入点。解读他人的微表情，不仅能够让我们更加准确地明白他人的思想、意志，而且还能让我们更加了解他人的感受和情绪。掌握一些微表情心理学的知识，能够帮助我们在日常社交和职场生活中，掌握他人的心理，采取正确的措施，说对话，做对事。

　　笔者创作本书的意图就是希望广大读者在阅读本书之后，能够了解和利用书中的相关知识，并通过这些知识来掌握事实真相，了解他人，或者控制自身情绪，把微表情心理学恰当地应用到自己的人际交往中，帮助自己在生活中占据主动地位，在工作中取得更大的成功！

作　者

2018 年 12 月 1 日

Contents

目录

第一章

微表情背后隐藏的内心世界

WEI BIAOQING BEIHOU YINCANG DE NEIXIN SHIJIE

1. 探寻情绪的秘密

情绪是由人的多种感觉、思想、行为综合产生的心理和生理状态。人类拥有几百种情绪，可以说，各种情绪的微妙程度已经远远超出了人类语言可以描述的范畴。FBI的相关心理学研究发现：情绪是不能被彻底消灭的，但是，它可以被有效地疏导、管理或适度控制。

保罗·克莱因金尼和安妮·克莱因金尼在综合了前人的相关研究成果之后，对情绪做出了一个心理学定义：情绪是主观因素、环境因素、神经过程和内分泌过程相互作用的结果。情绪可以产生主观体验，比如，当人们产生高兴的情绪的时候，当事人能够明显地感觉到自己是快乐的；情绪可以激发人们的"认知解释"，比如，当事人可以把自己产生情绪的原因，归结为环境、自身以及他人等因素；情绪可以引发出一系列的身体调节过程，比如心跳加快、呼吸急促等；情绪还常常会引起表情行为、目标指向行为、适应性行为，比如哭和笑、帮助他人和完成目标、融入集体和逃离威胁等。简单地说，情绪是人的本能和习性以及认知过程相互作用的结果。

在对长期行为进行了分析、研究之后，心理学家发现，维持人们长期行为的主要因素是情绪。比如说，在面对威胁和困境时，有乐观情绪的人会坚持自己原有的行为，继续走下去；而那些有悲观情绪、自我怀疑的人，则常常会选择放弃自己原有的目标和行为。所以说，情绪才是决定一个人能否长期坚持一件事情的主要因素。

心理学家对于情绪的研究是不遗余力的，对此，他们从各个方面探究了影响人们情绪的因素。心理学家发现，颜色会影响一个人的情绪，不同的色彩会通过视觉影响人体的内分泌系统，从而导致人体激素分泌的增多或者减少，使人们的情绪产生变化。他们发现，红色会让人的心理活动更活跃，黄色会让人感到心情振奋，绿色可以很好地缓解人的心理紧张，而紫色则会让人产生心理上的压抑感，灰色使人消沉，白色使人明快，咖啡色可以减轻寂寞，淡蓝色则会给人带来一种凉爽感。这些颜色与心理关系的发现和研究，不仅有利于司法机关审讯活动的顺利进行，有时还会获得一些其他的妙用。

古代阿拉伯学者阿维森纳就曾做过这样一个实验：把一胎所生的两只小羊羔放在不同的环境中生活，一只羊羔随羊群在水草丰美的草原上无忧无虑地生活，而在另外一只羊羔生活的地方则放进一只狼。虽然这只狼是被拴起来的，但是这只羊羔每天看着恶狼毫不掩饰的凶残面孔，一直处在极度惊恐的情绪中，这种恐惧甚至让它吃不下任何食物，没多久它就死去了。

由此可见，恐惧、焦虑、抑郁、敌意、冲动、嫉妒等负面情绪，都具有极其强烈的破坏性。这些负面情绪是不能长期留存在心里的，一旦人们被这种情绪长期困扰，那么很容易就会出现心理或者生理的种种问题，甚至会导致心理变态。

心理学家的相关研究还发现，一个人如果可以在生活中正确地认识自己、评价自己，他的社会适应力就会变强，也更容易把外界压力转变为动力，保持积极乐观的情绪。可以说，情绪一方面让我们的生活更加丰富多彩，让我们更好地体验生活；另一方面，也深深地影响着我们的生活和行为。如果在日常生活中，我们因为种种原因产生了负面情绪，一定要及时调节，不要让负面情绪一直影响着我们的生活，导致身心出现不健康的状况。

心理学家认为，情绪是个体基本需求在欲望方面的态度体验，因此，生理反应是情绪存在的必要条件。为了证明这一点，FBI 给那些无法产生恐惧情绪和回避行为的心理病态患者注射了肾上腺素，结果表明，经过注射，这些心理病态者和正常人一样产生了恐惧，学会了回避。由此我们也可以看出，人的身体反应、生理欲望对其情绪有着直接影响。

心理学家建议，调节情绪的第一方法是运用表情，同时认为，所有情绪都有与之相对应的表情动作。而 FBI 的研究也发现，做出愤怒和快乐的脸部肌肉运动，就能给当事人带来与愤怒、快乐相同的心理体验。也就是说，我们做出的不同表情动作，可以给我们的内心带来不同的情绪体验。因此，当我们烦恼苦闷、悲伤痛苦的时候，对着镜子做出微笑的表情，可以很好地调节我们内心的情绪。

人际调节是情绪调节的第二种方法。研究发现，人与动物之间最大的区别，就是人有社会属性。所以，当我们情绪不太好的时候可以向周围的人求助。当我们与身边的朋友以及家人聚会、聊天的时候，可以暂时忘记烦恼，而这些愉快的生活经历也会在我们的记忆中积淀下来。此后，每当我们不开心时，就可以借助于回忆这些美好的时光，把心情调整到积极乐观的状态。

心理学家表示，认知调节是情绪调节的第三种方法。面对相同的事情，不同的人会产生不同的情绪，根本原因就在于每个人对事情的认知、信念或者理解不同，合理的认知可以产生合理的情绪，而错误的认知将导致我们持续地陷入负面情绪中无法自拔。所以，我们可以通过改变自身的认知，来调节我们的情绪，比如，当我们觉得对方的行为是自私的、不可取的时候，他这样做只会引起我们的反感和气愤；但是，假如我们试着从对方的角度对这一事件做出解释，那么我们就不会固执地认定对方肯定是错的，或许还会发现对方如此做有其合理性。这样的认知，能够有效缓解我们的负面情绪。

心理学家认为，环境调节是情绪调节的第四种方法。美丽的环境让人们心情愉悦，而脏乱的环境则会让人感到不适。所以，当我们心情不佳或者情绪抑郁的时候，不妨去户外看一看风景，哪怕只是站在窗边看看外面的天空和绿树，都会让我们的心情得到放松，从而使负面情绪得到缓解。

心理学家认为，回避引起情绪的问题是调节情绪的第五种方法。如果某种负面情绪是无法通过改变自我认知来解决的，也就是说，这个问题目前是我们根本无法解决的，那么我们可以暂时回避它。这个时候，我们要尽量保持情绪稳定，不要一味地把问题压在心里，因为这样做既起不到任何作用，还会使这件事变成我们的心病。所以暂时放下它，等到我们的内心情绪平复之后，再去试着解决，很有可能在经过了时间的缓冲以后，当时很难解决的问题现在就变成不值一提的小事了。

心理学家提醒我们，在日常生活、工作中，我们可以通过适当的心理暗示、转移注意力、适度宣泄、自我安慰等方法，来调节自己的情绪。当我们出现负面情绪时，如果可以，要不断地暗示自己"今天心情很好，很开心"等，可以很好地缓解自己的负面情绪；而适当地转移注意力，也可以有效地削弱负面情绪对自己的影响；适度的情绪宣泄也能有效地释放负面能量。这几种方法都是比较快捷的情绪调节法，当然，我们同时也要注意，必须选择合理的宣泄方式、宣泄场合，不能伤害到自己和他人。

2. 你了解表情吗

人的面部表情是思维的"直观画板"，人的心理活动会在一颦一笑中表露无遗，当然，有些表情是非常细微的。

人的面部表情比其他任何部位的表现都要丰富，人的面部肌肉十分发达，它们能够帮助人做出各种不同的表情和动作。一个人的脸部有 43 块肌肉，人类能做出的面部表情达上千种之多。由于人们对"甜"和"苦"的生理反应，形成了"开心"和"不开心"两种最基本的表情，开心时，面部的肌肉自然松弛；不开心时，会伤心落泪。有些时候，表情比言语更能明显地表达心理的动态。由此可见，我们可以通过常见表情来认知他人的心理。

表情是反映一个人内心活动的一面镜子，所以，我们说表情背后的秘密往往隐藏在人的内心中。正因为如此，只要我们剖析了一个人的表情，就可以顺着对方的表情窥测出其内心的活动。即便是不同种族、不同国籍的人，也都拥有快乐、悲哀、静穆和狂怒等复杂、丰富的表情，而通过这些表情，我们完全可以看出一个人的精神生活和内心变化，所以，我们说人的表情是其灵魂的一面镜子。

一个人只要头脑还算清醒，那他就会持续接收和处理各种来自外界的信息，比如让人欢喜的事情，或者让人烦闷的事情。当这些可以刺激到我们内心情绪的事情发生之后，除了能引起我们本能的反应之外，还可能引起不同层次的情绪反应。相应地，遇到欢喜的事情会高兴，遇到烦心的事情会悲伤。与此同时，我们外在的面部以及肢体，就会呈现出各种各样的神态表情和姿态动作。

大量的实验表明，人脸的不同部位具有表达不同情绪的作用。比如，眼睛对表达忧伤情绪很重要，口部对表达快乐与厌恶情绪很重要，而前额可以提供惊奇的表情，眼睛、嘴巴和前额等对表达愤怒情绪很重要。人们之所以会呈现出不同的表情，是源于其内心的情绪不同，当一个表情呈现出来之后，我们就可以据此判断出当事人正处于何种情绪。

大部分的人将常见表情分为七种，这七种表情表达了不同的情绪：

（1）高兴

人们在高兴时的面部表情呈现为：嘴角上扬，面颊上抬起皱纹；眼睑收缩，眼睛尾部会形成"鱼尾纹"。

（2）伤心

人们在伤心时的面部表情呈现为：眉毛收紧，嘴角下拉，下巴抬起或收紧。

（3）恐惧

人们在恐惧时的面部表情呈现为：嘴巴和眼睛张开，眉毛上扬，鼻孔张大。

（4）愤怒

人们在愤怒时的面部表情呈现为：眉毛下垂，前额紧皱，眼睑和嘴唇紧张。

（5）厌恶

人们在厌恶时的面部表情呈现为：嗤之以鼻，上嘴唇上抬，眉毛下垂，眯眼。

（6）惊讶

人们在惊讶时的面部表情呈现为：下颚下垂，嘴唇和嘴巴放松；眼睛张大，眼睑和眉毛微抬。

（7）轻蔑

人们在轻蔑时的面部表情呈现为：嘴角一侧抬起，做讥笑或得意笑状。

当我们在遭受外界刺激的时候，第一反应是惊讶，然后，我们会产生两个方向的情绪：积极方向的情绪是不同程度的愉悦；消极方向的情绪则会依据刺激程度的不同，而衍生出厌恶、愤怒、恐惧、悲伤。作为微表情的前辈学者保罗·埃克曼教授，他提出："人类拥有六种跨种族、跨文明、跨地域的通用情绪和表情：惊讶、厌恶、愤怒、恐惧、悲伤和愉悦。"虽然，情绪和表情这两者从表面上看是不同的，但两者却是互相联系的，情绪用于处理外界带来的不同刺激，表情则是人类的另外一种交流方式。不过，这些情绪和它们所驱动产生的表情之间有着天然的联系，假如我们可以通过外在的表情进行剖析，分析出面部表情背后的情绪，那我们就可以知道他人内心的真实想法。

一个人可以表现出不计其数的复杂而微妙的表情，而且表情的变化是相当迅速的；但即便如此，在生活中，有经验的人还是可以通过观察人的表情和表情变化，探知到他人的内心世界。俗话说："看天要看云，看人要看脸；看云知天气，看脸知人心。"说的就是这个道理。我们在观察他人表情的时候，应该从两个方面入手：一个是固化在人脸上的表情显示的个人性格特点；另一个就是表情的细微变化显示的个人心理变化。

人们常说："六月的天，孩子的脸——说变就变。"其实，孩子们的脸看似变化迅速，不过，和成年人的面部表情变化相比起来，可就逊色多了。而且，这两者是不同的：孩子脸上的变化是显著的、简单的；而成年人的面部表情变化却是微妙的、复杂的。一个人的面部表情是十分丰富的，这和一个人的内心世界有着极为丰富且直接的关系，一个人的面部表情，所表现的是一个人内心的真情实感。在谎言面前，人的面部表情比语言、行为显得更加真实、更加直接。在转瞬即逝的微表情里，实际上隐藏着人真实的行为心理活动。

为什么说微表情隐藏着人们最真实的心理呢？

首先，微表情是转瞬即逝的。微表情，几乎是一闪而过，一般情况下，甚至清醒地展现表情的人和观察者都察觉不到这种细微的变化，在表情实验里，差不多只有10%的人才能察觉到。这意味着，相比较人们有意识做出的表情，微表情能更直接地体现人们真实的感受和心理动机。尽管我们常常会忽略微表情，不过人们的大脑依然会受到影响，改变对别人表情的理解。

其次，微表情是无法伪装的。微表情作为心理应激微反应的一部分，由人类的本能出发，无法伪装。即便人们平时很努力地掩饰自己的真实感受，强颜欢笑；但可以在出现第一瞬间的微表情之后，表现出自己想要表达的感受。因此，微表情是了解一个人内心真实想法的最准确的途径。

3. 揭开对方的"面具"

每个人的眼睛都能够发出各种信息，而这些神情往往就是他内心情绪的真实流露。比如，眼睛流露出善意，表明对方心地很善良；眼睛暴突，表明对方性情很凶恶。对方不同的眼神也可以透露出不同的信息，而你只需要注意观察对方的眼神，就可以认知对方的心理了。

泰戈尔说："一旦学会了眼睛的语言，表情的变化将是无穷无尽的。"眼睛是心灵之窗，它可以如实地反映出人的喜怒哀乐；而由眼睛所表现出来的目光则是一种直接的神态表情，可以说，目光是富有表现力的一种"语言"，适当地运用能给交往带来好处。

笑容，是人们在微笑时的神态，也是人们日常生活中最常见的表情。笑容的核心在于笑，也就是人的面部要呈现出愉快、欢乐的神情，笑主要以愉快、欢乐为首要特征。当然，笑容有很多种，比如微笑、欢笑、狂笑、苦笑、奸笑、傻笑、冷笑等。不同的笑容，反映了人们不同的心理状态，当一个人笑的时候，眼角没有出现细纹，那他有可能是在假笑；反之，当他在笑的时候，脸部出现了细纹，眼神明净，那表明他是真的在笑。

罗兰说："面部表情是多少世纪培养成功的语言，是比嘴里讲的要复杂千百倍的语言。"确实，人类是生物界的宠儿，其表情简直可以说是变化多端、不可胜数。即便如此，神态表情却是有共性的，它超越了地域文化的界限，可以成为人类的一种世界性"语言"。在世界上，神态表情是可以通用的。

在生活中，表情作为传情达意的一种重要沟通方式，它指的是通过眼神、动作、面部表情等来表达内心思想的一种非语言形式。神态表情不仅仅彰显着自己的喜恶，更为重要的是，能够通过一颦一蹙的变化展现自己的内心世界。在现实生活中，具有不同性格、身份、经历的人，他们会有各种不同的神态表情。当然，单纯的神态表情并不能完成一次沟通，它必须根据事件、环境、心境的状态才能恰如其分地表现出来。

虽然人们的面部能够非常诚实地表现人们的心理活动，但人们在一定程度上能控制着它们，也就是说，人也可以做出违心的表情。所以，尽管面部表情可以提供各种有意义的信息，让人们了解内心的思想和感觉；但是，有些信息有可能是"伪装"出来的，在解读过程中，需要仔细地辨别。

人的面部表情中最不容易分辨的就是消极表情了，各种各样的消极情感，包括不愉快、厌恶、反感、恐惧和气愤等，都可以在人的面部表情中呈现出来。这些情绪通过一些线索就可以分析出来：腭肌紧缩、鼻翼扩张、眯眼、嘴巴颤抖或嘴唇紧闭。如果能够做进一步的观察，我们还会发现，紧张的人目光焦距是锁定的，脖子也是僵硬的，可是头却不会偏。也就是说，当一个人说自己不紧张时，他身上所表现出来的信息却足以证明他很紧张，或者是他的大脑可能正在处理一些消极的情绪信息。

当然，有些表情可以一目了然，有些可能有点模糊，还有些可能十分短暂，还有的会持续几分钟或更长时间。这些"表情"十分复杂，有时候它们呈现得很直白，有时候呈现得很微妙，有时候是在故弄玄虚，有时候却容易被人忽略。

我们经常可以看到某人口中甜言蜜语，脸上却显示出"与此不搭"的表情。

人的面部表情线索可能稍纵即逝，特别是那些细微行为，它们是很难被发现的。还有些人经常会隐藏他们的真实情感，如果不仔细观察，就无法发现这些表情线索。在一段随意的谈话中，一些微妙的行为可能意义不大；然而，在一段重要的人际交流中，一些看似微不足道的表情语言就很可能反映出更深层次的内心所想。

比如说，在玩扑克牌的过程中，即便是手里的牌不错，大多数人也不愿意表现得洋洋得意，就像人们不愿意让同事知道自己拿的奖金比别人多一样。

相比之下，积极的表情就没有那么难以确认了，大多数快乐的表情都很容易辨认，比如说，在听到自己晋级或升职时的高兴姿态，新婚夫妻很快得了一个大胖儿子，离开孩子很久的父母听到孩子马上回来的消息，这一切都会让人在脸上洋溢出喜悦的表情。

在日常生活中，发自内心的、不受抑制的幸福感也会溢于言表，表现部位包括面部和脖子，像额头上皱纹的伸展、嘴角边肌肉的松弛、嘴唇张开、眼睛周围肌肉放松造成的眼部区域的扩张，这些都是积极情绪的表情线索；而当人们感到完全放松和完全舒适的时候，面部肌肉也会放松，头会倾向一边，向他人展示自己的脖子。这一切都是一种高度舒适的自然反应，是在不适、紧张、怀疑或威胁的状态下无法模仿出来的。

4. 透过表象，直击内心

世界上，找不到任何一种来测量人心有多深的方法。俗话说"人心隔肚皮"，人们往往难以准确把握别人，甚至会对他人产生误解。你可能因此失去过很多机会、得罪过很多人、错交过很多朋友、办砸过很多事，所以，学会看透人心，是一项非常重要的任务。

人们常叹"人心难测"。有的人，一笔业务持续了大半年，不到合同签订的最后时刻，都不敢肯定合作者的诚意；有的人，惴惴不安、惶恐半日，都猜不透老板叫他去谈话的意图；有的人，秘密竟被相识多年的好友泄露了出去，成为大家的谈资；更有人，谈了三年恋爱，却不知对方早就是已婚人士。

在我们生活的世界，充斥着虚伪、欺骗、怀疑和不信任，一个人是善还是恶，似乎永远无法辨别，有的人索性总结出"不要和陌生人说话"这类极端的防备招数。

在生活中，有些人不管看到什么、听到什么，都不露声色，没有表情的面孔，几乎没有动作。这是让人最难猜透的，这样的人把一切感情都隐藏起来，叫人不可捉摸，这种表情比外露的愤怒或厌恶，更深刻地传达出拒绝的信息。

不过，无表情绝不等于无感情。无表情的人在很多时候，都和说谎者一样，都是想极力压抑情感，所以，面无表情时，我们可以猜测到，这是类似说谎的心理反映。随着内心的变化，脸部肌肉也在变化，必然会呈现出不自然的表情，比如眨眼、皱鼻子、脸部抽动等，这些恰恰会表现出内心的不满和自卑感。

同样的无表情，有时还表现出极端的不关心和漠视。也许，这背后正藏着一种刻意的回避，那可能是怀有好意，或爱情的表现，尤其是在女孩子中较为常见。由于害羞，女孩子对自己爱慕的对象，不想表现得过于露骨，也不想让旁边的第三者知道，这就使她进入了左右为难的状态。所以，本能地露出看似毫不关心的表情，而非厌恶或戏谑，其实，这正好说明她心中在乎你，此时，你可以继续向她表达自己的心意。

解读人心，许多时候，不能光听对方的陈述，还要看这陈述的后面，支撑其存在的语言基础。有的人在与他人打交道时，总是喜欢自我表达，喜欢多说；而真正有深度的人，往往喜欢多听，更重视搞明白对方的思想意图是什么。

我们平时判断人，总是希望人的心理行为、情绪在不同的场合都是衡定一致的，我们以这样的希望来看待、来理解他人。其实，人在不同场合、心境下，心理行为的反差可能也是很大的，在与人打交道时，需要把人的心理变数，以及情绪行为等不衡定性考虑进去。这样，我们在看待他人、对待他人的失误过失，以及他人的表现不合乎我们的希望时，我们仍然可以理解他。

要解读人心，还有就是要考虑到每个人所扮演的角色。每个人在公众场合，或私下的场合，都在扮演着不同的角色，这些角色的反差，有时是很大的。我们不能妄断，此人就是伪君子，比如说，有一定公众影响力和社会地位的人，他们说话，一定是只能说合乎社会大众要求的，或遵守一定价值观的话。有时候，想说或想做某些事，也是"有贼心没贼胆"，想想罢了。

解读人心，另外重要的一点是：要明白许多人其实是听不进他人意见的，你说了也白说。即便对方与你商讨，如果你听出他总是在反驳你，并且一直坚持自己的意见，这种讨论是没有意义的，因为对方实际上已有自己的主见，同你交谈，只不过是想从你那里得到一些肯定的信息，以证实他的结论或者他想采取的方案是对的罢了。

最后还有，在我们解读人心的时候，如果只从自己的理解和价值体系出发，多半会误读人心。真正要理解他人，我们要从他人认可的价值、信念的根基部分去理解，要从他人的生存角度去把握。如果能这样做，那么，我们就能尽可能地减少误读人心、人性，降低人与人之间的误会，就能真正达到人与人之间的高效沟通，并有效地解决问题。

5. 你了解这些情绪信号吗

表情在生活之中随处可见，却并没有引起大家的注意。一个想要从表情中寻找到蛛丝马迹并推断别人情绪态度的观察者，应该时刻注意对方每一个小动作以及表情的细微变化。这些变化都是在传递着人们的情绪信号，并且非常诚实地反映其内心的感受。

有一些非常典型并且普遍的行为，可以成为观察者关注的重点，掌握这些行为的特点和用意，可以帮助我们尽快地掌握非语言行为的观察技巧。

（1）抚摩脸部

对身体进行按压是常用的舒缓压力的方法。人们处于压力状态之下，也会采用这种方式对自己的情绪进行调整。常见的抚摩脸部的行为包括对前额的搓擦以及对脸部的触摸，对耳朵进行捻动或者抚摩自己的胡须等。这些动作都可以起到稳定情绪的作用，因此出现这类动作的人必定是处于某些压力或威胁之下的。

在安慰行为中，通过深呼吸来抚慰自己的情绪也算是脸部行为之一。人类的脸部，因为聚集了很多神经末梢而显得非常敏感，任何轻微的触摸都可以让它感觉得到，并带来强大的刺激效果。深呼吸时通过鼓起两腮来吸入更多的空气，不仅可以扩展胸腔，还可以让双颊得到运动，对面部神经末梢起到刺激作用，这种刺激可以让原本紧绷的神经获得短暂的放松。

（2）吹口哨

中国有句歇后语"走夜路吹口哨——自己给自己壮胆"，意即自己给自己打气，用以讥讽那些自吹自擂的人。事实上，这其中却包含着非语言行为的信息，在处于压力较大的环境中或感受到威胁的时候（如走夜路），通过吹口哨这一行为，可以让人的神经获得放松，让紧张的情绪得到缓解，起到壮胆的作用。和吹口哨的行为类似的还有自言自语等通过听觉来放松自己的安慰行为，有些处于压力中的人会说个不停，因为他们正在承受着巨大的压力，只有不断地跟自己说话，让自己听到一些声音，才能缓解压力。而不断地用手或笔敲打桌子，发出声响的行为，也属于这类通过听觉来放松自己的非语言行为。

（3）打哈欠

当面临一些重大的抉择，或者需要做出巨大努力才能完成某件事时，人们会忽然出现打哈欠的动作。这样的动作出现并不是说明此人心不在焉或感到困倦，而是大脑通过打哈欠这一行为来释放压力。在打哈欠的过程中，人们需要张大自己的嘴巴，让口腔最大限度地扩展，大脑之中存储的压力会传递信号到唾液腺；而口腔的扩展也会促使唾液腺大量分泌唾液，这种湿润感会缓解环境压力所带来的口腔干燥，从而舒缓神经。在一定程度上，打哈欠也可以被认为是深呼吸的一种，因为伴随打哈欠的过程，人们的胸腔也会扩展，吸入的空气也会增多。这两个动作同时出现，说明大脑正在积极寻求释放压力的途径。

（4）摩擦大腿

下属在面对上级时，或者晚辈在面对严厉的长辈时，都会感到局促不安，此时他们会出现一个类似的行为：用自己的手掌去摩擦大腿。很多人认为这是因为紧张导致手心出汗，而摩擦大腿的动作仅仅是为了擦干手心的汗。但事实上并不是这么简单，这一动作本身包含着很多的信息。

当保持坐姿的人将自己的手掌放置在大腿上，并朝着膝盖方向不断摩擦时，他没有意识到这一动作不仅可以擦干手心的汗，还可以消除紧张感。而大脑的边缘系统却很明白这一动作的效用，通过摩擦，从触觉获得的安慰可以让大脑神经变得松弛，所以这一动作会反复出现。摩擦大腿是对负面情绪的直接反应，可以准确地说明此人正处于不安之中。掌握这一判断依据，对于警方有非常大的帮助，很多犯罪嫌疑人正是因为这个动作泄露了秘密。

（5）通气行为

人类的服装可以起到保护自身的作用，但同时也禁锢了我们的身体。当人们感到不适或者不安时，这种禁锢的感觉就会加强。为了让内心的不适感获得释放，可以通过解开衣扣等行为获得一定的抚慰，而生活中的很多场合并不允许人们随便解开衣扣，因此通气行为便作为一种折中的方式而频繁出现。

男性在处于压力之中时，常常会将自己的手指伸进衣领和脖子之间，然后用力将衣领从脖子边拉离。这种行为可以让身体压力获得释放，虽然并不会有多少新鲜空气因此进入我们的身体，但一个细微的通气动作却可以适当地安慰不愉快的情绪。

通气行为在女性身上更为常见，她们的脖子上虽然没有领带，但依然可以通过抖动衣服来实现通气。让衣服暂时离开自己的皮肤，是在潜意识里将衣服视为压力的化身，而脱离它就可以让大脑觉得压力获得缓解，变得轻松。值得注意的是，女性撩动自己的头发也是通气行为的一种，当伏于肩膀和脖颈部位的头发被撩起时，女性的面部表情也会变得相对轻松。

（6）自我拥抱

对自己进行拥抱的动作类似于双臂交叉，而交叉动作常常仅限于双臂用力交缠，自我拥抱则是在这一动作的基础上用手不断地抚摸自己的臂膀。当母亲抱起婴孩的时候，常常会充满爱意地抚摸他的肩和背，这一动作可以让啼哭的孩子停止哭泣。它所形成的记忆深刻地印记在我们的大脑里，当面临一些无法解开的压力时，这种自我拥抱便好像获得母亲的安慰一样，让人增加安全感与舒适感。

自我拥抱是一种保护性的动作，它出现的时机非常微妙。某些人会在对别人挑衅时做出身体后倾而且双臂交叉的行为，它看上去好像是一种自我拥抱，但所表达的含义却大不相同，需要仔细甄别；而某些处于挑衅情绪中的人，会瞬间出现轻微的自我拥抱反应，因为他们本身也处于强大的压力之下，这个动作透露出挑衅者其实并不自信，需要通过对自己的鼓励来获得力量。

第二章

表里不一？你的脸出卖了内心

BIAOLIBUYI NI DE LIAN CHUMAI LE NEIXIN

1. 面部表情可能暴露情绪

关于人的面部表情，曾经有这样一则有意思的故事：在林肯做美国总统的时候，有人给他推荐了一个学识和资历都很不错的人做教育官员，但是林肯只是见了那个人一面就拒绝了，林肯说："20岁前，一个人的脸主要拜父母所赐；活到了40岁，就应该对自己的脸负责。"

为什么这么说呢？因为人脸除了可以表现喜怒哀乐外，还可以反映一个人的品德、素养、气质等，因此从面相窥探人的个性行为并非毫无根据。

脸颊是最可能流露出真实感情的部位，当情绪起伏时会跟着产生最明显的颜色变化。因羞耻或某些方面的尴尬而脸部泛红，最先出现在脸颊中心——两个渐转为深红色的小圆点，而后很快扩散到脸部皮肤表面的其他地方，如果持续得厉害，还会蔓延到颈部、鼻子、耳垂、上半胸部等部位的皮肤。会脸红的人一般是年轻、怯生而又不擅长社交的人，他们在复杂世故的环境中，除了显出毫无经验与不必要的天真之外，其实也没什么可以引为羞耻的事。

脸颊也可作为愤怒的指标，愤怒时，脸颊骤然转为鲜红的颜色，这是另一种转红的形态——骤时转为通红而不是由脸颊中心慢慢扩散开来。如果一个男人生气了，而他又是秃头，还可以看到红色一直扩散到他的头颅顶上。气愤中的男性或女性，他们的情绪皆属抑制攻击的形态，他们可能发出种种可怕的言辞以示威胁，但肤色转变则表示他们的情绪已受到挫折。真要发动攻击的人，脸颊会变得十分苍白，近乎白色，因为血液离开皮肤而身体开始准备立即行动，这是真正可能立即采取攻击的人的脸孔。同样的，在极度惊骇的情况下，脸颊也会变得苍白，准备即时逃跑或已陷入绝境而准备采取激烈的行动。苍白的脸孔表示要准备采取激烈的行动，泛红的脸孔表示愤怒或惶恐，粉红色的脸孔则表示先前已有多次的经验……人的脸颊，自古以来就是以此种方式传递情绪状态的转变。

每当人们疲倦了但又得坐在桌前时，最可能采取的休息姿态便是用一只手撑着脸颊，仿佛撑着一个沉重头。当演讲者或老师看到有这些姿态时，应该可以体会到他已令某些人厌烦了。表示厌烦更明显的姿态是皱起脸颊，一边的嘴角用力往后拉而皱起脸颊的肌肉，这也是表示怀疑，甚至强烈讥讽的动作。

从面部表情识人，其实有章法可循：

（1）用出人意料的言辞试探对方

要窥探别人的心意，应从观察表情着手。"表情"二字，照字面解释，就是表示感情，因此，我们应该可以从对方的表情，察觉他的心意。

不过，在通过表情观察别人心思的时候，必须注意到一点，就是人可以由意志力控制表情而达到某种程度，发怒、发笑或表情死板，都可以假装。只要看看舞台上的演员，他们能够随剧情的需要而做出种种表情，我们就可以知道，表情是可以伪装的。

因此，在观察表情以透视人心的时候，要注意一项秘诀，那就是要使对方失去控制表情的能力，换句话说，就是使他的内心产生激荡，然后观察他的真实表情。譬如说，以意外的事情惊吓他，或者以锋利的言辞激怒他……都可以使他的意志失去控制，泄露内心的感情。可是，如果碰到对方是个训练有素的人物时，普通方法只能使他的心理发生动摇，外表还不至显现出来，对付这种阅历丰富的人，必须使用更强烈的刺激，才能对他发生一点效用。

总而言之，不要在对方情绪平稳的时候进行观察，把握对方情绪动摇的时刻，再进行观察试探，比较容易看出事实的真相，这就是观察表情的秘诀。

此外，应用"试探透视法"来观察他人表情的变化，也是十分重要的。

（2）表情的观察方法

"Poker face"这句话，起源于桥牌，玩桥牌时，脸上做出一副满不在乎的表情，使对方难以猜透自己手中的牌，就叫作"poker face"。

在玩牌的时候，不论技术如何，做出毫不在乎的表情这点本事，是几乎每个人都有的。我们在儿童时代，就已经学会当情况不妙时表现出"与我无干"的神情。但是不论如何假装，还是很难掩饰内心情绪的动摇，何况对方出其不意、攻其不备，再怎么厚的脸皮，也难发挥功效。

但是需要注意一点，表情的变化只是瞬间的事，过了这一刹那，又会回到正常状态。虽说人的意志可以控制肌肉的活动，但在生理的活动力量比意志力强的时候，还是不会受人的意志所左右，所以，极端冲动的时候，肌肉还是会抽动。肌肉抽动最明显的部位是嘴巴附近，尤其是嘴角，最容易因为情绪紧张而产生痉挛。除此之外，眉毛和鼻子也容易发生抽动现象。

仔细观察上述部位的细微变化，就不难看出对方的心理是否正在发生变化。不过，由这些表情的变化，还是不能肯定引起变化的症结何在，比方说，一个人到了陌生的环境，常会因为紧张而声音颤抖，也可能脸红，如果因这些情绪变化而断定他有难言之隐，那就大错特错了。总而言之，判断对方情绪发生变化的原因，还是要配合对方的立场和周围的环境，再做最后的决定。

还有，故作镇定也是一种情绪变化的说明。当一个人在应该发生情绪变化的时候，反而非常镇定，这就显示他的内心正有所激荡，而在强行压抑，而此刻故作镇定的表情多少要显得不够自然。所以，神情表现得自然不自然，也可以帮助我们判断对方的心理。

对于表情的判断，时常会因为个人"先入为主"的观念而发生偏差，就拿微笑来说，一个你有好感的人所发出的微笑，你会认为是善意的微笑；如果你对这个人没有好感，就会认为他这是不怀好意的嘲笑。所以在做判断的时候，要先抑制自己的主观意识。

2. 喜上眉梢还是愁眉苦脸

很多时候，我们都可以应用语言之外的其他形式来表达某种情绪和态度，比如，手语、眼语、眉语等都是无声而有形的语言，它们有时候甚至比有声语言更能传达出真挚的情意。我们现在着重来探讨一下眉语：眉语就是指在一种特定的语言环境中，人们在用眉毛紧锁或舒展等动作来代替语言，表达自己的情感。

眉毛可以呈现一个人内心最真实的情绪。比如，当一个人紧皱眉头的时候，我们一定不会说这个人心情很愉快；反之，当一个人舒展眉头的时候，我们绝不可能认为这个人闷闷不乐。在日常生活中，当我们无法确定对方处于何种心情的时候，就可以仔细观察其眉毛的形态，是皱眉还是闪眉，是耸眉还是眉头舒展，以此逐一推断对方处于什么样的情绪，同时也便于我们制定交流策略。

我国古人将眉毛称之为"七情之虹"，因为眉毛可以表现出不同的情态。人们通过眉语不仅能够传达自己的心情，还能与对方进行交流，比如，大家经常说的"喜上眉梢""愁眉苦脸"等词汇描述的就是一种用眉毛来进行交流的表情。

虽然，眉毛只是面部器官中很小的一部分，有的人的眉毛甚至不是特别明显，但作用却十分大，眉毛的一动一静，都可以在无形中透露出自己的心境。假如不想让别人太看透自己，那么就得让自己的心态更成熟一些，最好是能处变不惊，不要让眉头泄露自己内心的秘密。不过，反过来，我们也可以根据别人眉头的微表情来判断对方处于何种情绪。

（1）低眉

在受到外界侵犯或威胁的时候，人们往往会呈现出这种表情，因为在某种程度上讲，低眉是一种带有防护性的动作，目的是要保护眼睛免受外界的侵害。当然，当受到外界侵犯时，光是低眉不足以保护眼睛，通常还要将眼睛下面的面颊往上挤，尽可能地为眼睛提供最大的防护屏障。这时眼睛还是保持睁开的状态，因为要注意外界的动静，以便及时采取保护措施。这种上下挤压的表情，是人们在面临外界攻击、情绪强烈反应时的体现，当双眼突然遇到强光照射的时候也会如此。

（2）皱眉

皱眉是我们都会有的表情，它往往反映了多种不同的心情，如诧异、惊奇、错愕、怀疑、否定、无知、疑惑、不了解、愤怒、恐惧、傲慢，或是希望和快乐等。倘若要了解其真正的心理状态，还应根据具体情形去判别。

一般来讲，皱眉的情形包括两种，即防护性和侵略性。防护性皱眉的目的是保护眼睛免受外来的伤害；侵略性的皱眉也是出于防御，是担心自己侵略性的情绪会激起对方的反击，这是一种自卫反应。最常见的皱眉，常被理解为厌烦、反感、不同意等情绪。

如果一个人的眉头皱得很深，则说明他的心理状态很忧郁、很矛盾、很无奈，他想要逃离目前所处的境遇或环境，却由于某些原因不能这样做；如果一个人大笑时双眉皱起，则说明他的内心隐藏着轻易不会被别人察觉的惊恐和焦虑，他的眉毛流露出明显退缩的信息。

（3）扬眉

当人们被压抑的心情得到舒展的时候，我们常用"扬眉吐气"一词来形容这时的心情。一个眉毛高高上扬的人，通常是想逃离庸俗世事的人，这是一种自炫高深的傲慢表现。

当一个人的一条眉毛上扬时，通常表示不理解、有疑问的意思；如果一个人在谈话的过程中将双眉上扬，则表示一种非常欣赏或极度惊讶的神情。当我们对某种事情惊恐万分的时候，可以用皱眉来保护眼睛，也可以用扬眉来扩大视野，这两种表情都是对我们有利的，但我们只能选择其一。一般情况是，当我们面临威胁时，皱起双眉以保护眼睛，同时就要牺牲扩大视野的好处；当危机减弱的时候，则会扬起双眉以看清周围的环境，同时就会牺牲对眼睛的保护。

（4）两道眉毛一高一低

两道眉毛一高一低，通常传达的信息介于扬眉与低眉之间，反映一个人的心理状况是既激动又恐惧。

（5）闪动的眉毛

眉毛先上扬，然后在瞬间内再降下来。一般在我们在看到熟人出现的时候，会呈现出这种闪动的快速动作，以示友善。

（6）耸眉

耸眉是指眉毛先扬起，停留片刻，再下降，耸眉和眉毛闪动的区别就在于那片刻的停留。而且耸眉还常伴有嘴角迅速而短暂地往下一撇，脸的其他部位没有任何动作。一般而言，耸眉所牵动的嘴形是忧伤的，有时它表现出来的是一种不愉快的惊奇，有时它表现出来的是一种无可奈何的心理。当一个人在热烈地讨论一个非常感兴趣的话题时，就会做一些小动作来强调他所说的话，当他讲到重点时，就会不断地耸眉。

（7）眉毛迅速上下活动

这样的眉毛动作和闪动的眉毛十分类似，一般说明一个人的心情愉快、内心赞同或对你表示亲切。

（8）斜挑的眉毛

斜挑是指两条眉毛中的一条向下降，一条向上扬，这是一种无声的语言，多出现在成年男子的脸上。尾毛斜挑的人，他的心理通常是处于一种怀疑状态，因为扬起的那条眉毛就像是提出了一个大大的问号。

（9）打结的眉毛

眉毛打结是指两条眉毛同时上扬又相互趋近，这种表情通常反映一个人的心理状态是烦恼、忧郁的。

众所周知，眉毛是眼睛的"卫士"，是一道天然的屏障，有保护眼睛的作用，同时也能传递一个人的心理行为信息。当一个人的心情发生变化的时候，他的双眉就会随之发生变化，这可以被称为"眉毛的动作"。所以，我们可以通过观察一个人的眉毛变化，看出有关他的喜、怒、哀、乐等复杂的内心活动。

3. 鼻子的活动映射了你的内心

鼻子，是人体呼吸道的起始部分，既可以净化进入人体的空气，起到调节其温度和湿度的作用，也可以辅助发音；同时，它还对人的外貌起到美化、点睛的作用，并且是面部表情的重要组成部分。虽然在面部表情中，鼻子多处于静态，所传递的信息远不如其他面部器官丰富，但是，鼻子一旦摆脱静态模式，就会传达出独特的微表情信息。FBI 表示，在日常生活中，我们不仅可以通过观察他人鼻子的变化来洞悉其心理活动，还可以借此探知出对方有没有说谎。

（1）鼻子的颜色

人类鼻子的不同颜色往往代表着其不同的生理以及心理状态，一般情况下人的鼻子颜色是不会发生变化的，如果我们观察到一个人的鼻子出现了颜色变化，那就意味着，此刻他的心理出现了剧烈的情绪波动。

A. 鼻子发白

一个人的鼻子如果发白，那么就表示他的内心有消极情绪产生，一般是恐惧或者畏惧。如果此刻他不是正处在谈判或者和他人有利益冲突的环境中，那么这种鼻子泛白的情况就是由踌躇、犹豫的心情导致的。

B. 鼻子发红

如果一个人的鼻子发红，那很可能是他的生理方面出现了问题，比如长期酗酒、经常食用辛辣食物或者内分泌出现障碍等情况；另一种原因是他的情绪十分激动，使得面部大量充血所导致的。除了这些原因之外，临床医学还表明，鼻头发红也暗示着他可能患有某种心脑血管疾病或者肝功能出现异常。

（2）鼻子的动作

事实上，鼻子这个处在面部中心的器官，能够给我们提供丰富的身体语言信息，这是毋庸置疑的，但是人类有意义的鼻子动作是很少的，仅有皱鼻子、哼鼻子、鼻翼扩张、嗅鼻子和摸鼻子、捏鼻梁、挖鼻孔七种。

A. 皱鼻子

人们常说"皱起的鼻子"，但鼻子怎么会"皱起"呢？原来，那是在对某人或者是对某事表示厌恶的时候，闭眼，紧接着鼻子发出轻蔑厌恶之声时才会出现的。中国有句成语"嗤之以鼻"，即说的这种鼻形，表示对某人或某事的轻蔑。

对于某一事物或者是某一种难闻的气味感到厌恶，人们常常会有类似"这些东西真是臭气熏天""这个东西像发臭的死鱼一样令人讨厌"的话语，这些话语与"鼻子"有关，就像是用鼻子闻过似的，或是经鼻子作用的一样，但实际上是人们不愿意将自己心里的真实想法表现出来，所以在口头上抒发自己的不满情绪，说这些话时人们会将不满情绪稍带做些动作，比如轻皱一下鼻子，就好像此情此景真实体现一般，鼻子两边或有明显皱痕，代表了内心的怨愤和不满。

B. 鼻翼扩张

研究发现，如果一个人的鼻孔出现了扩张现象，那么多表示他正处于兴奋、紧张或者恐惧的状态中，并且这几种情绪的程度都较强。医学临床表明，人在情绪激动的时候，呼吸和心跳的频率会加快，人体会需要更多的氧气供给，这就会导致鼻翼出现扩张现象。所以，当我们在生活中观察到一个人出现鼻翼扩张的状况时，应该及时了解导致这一状况的原因，然后有针对性地做出安抚行为。

C. 摸鼻子

在所有有关鼻子的动作中，摸鼻子是最为复杂、包含意义最多的动作。人们在谈话中摸鼻子主要是因为他人问了一个让自己难以答复的问题，对于这个难以答复的问题，此人的内心发生了混乱，而为了掩饰自己内心的混乱，于是他在快速地、勉强地找出一个答案应付的时候，手就会很自然地挪到鼻子上触摸，也许还会捏它、揉它，甚至特别用力地压挤它。这是因为人们内心产生的冲突会给鼻子造成压力而产生不适感，使得人们的手不得不赶快来救援、抚慰它。

这种情形时常也会出现在不善于撒谎的人身上。心理学研究也发现，人在撒谎的时候，鼻子的神经末梢会产生一种轻微的刺痛感，虽然很多时候这种刺痛感不会被人们的主观意识所察觉，但是潜意识还是会让人们做出摸鼻子的动作，以此来缓解鼻子的不适。心理学家经过多次实验证明，当一些不利于自己的或者较坏的信息进入自己的大脑时，人会下意识地做出用手遮挡住嘴巴的动作，但是由于这个动作太过突兀，很多时候，人们为了掩饰情绪，会就势将这个动作转变为抚摸鼻子。也就是说，一旦一个人做出了摸鼻子的动作，就意味着他对听到的信息表示怀疑。有些人在说谎的时候并不一定会抚摸自己的鼻子，而是在鼻子上轻轻地碰一下，或者摩擦几下，有的人甚至不会出现摸鼻子的相关动作，只会在说谎的时候做出抚摸身体其他部位的动作。实际上，这些动作也都是一个人在说谎时感到压力的情况下所做出的下意识的自我安慰的动作。所以，如果我们在生活中看到有人做出了摸鼻子的动作，那么就应该仔细衡量一下对方话语的真实性了。

在沉思的时候摸鼻子，说明此人的内心正在进行着激烈的斗争，正处于犹豫不决的状态；而听他人说话的时候摸鼻子，则代表了对于他人所说的话抱着不相信的态度，并在思索着对于这些不值得相信的话自己该如何应对。有些时候，人在考虑难题的同时，这个动作也常常出现，生理学家认为，人们因有压力或紧张而使得鼻窦部位产生轻微的疼痛感，而想要减轻这种疼痛感，只有用手摸一摸或捏一捏。

事实上，摸鼻子的动作也并不单单出现在撒谎的时候，很多时候，人们也会因为空气干燥或情绪紧张而抚摸鼻子，有时甚至还会因为尴尬而抚摸鼻子。所以说，我们在通过对方摸鼻子的动作来判断对方的内心时，应该进行全方位的采样分析，这样才能让我们得出更接近一个人真实心理的结论。在观察他人的时候，一定要进行全面、仔细的信息采集，先大胆猜测，然后再小心求证，只有这样，才能真正判断出他的真实心理变化。

D. 鼻子的其他动作

这其中的捏鼻梁（捏鼻子）属于典型的自我安慰型动作，通常出现在一个人感到疲劳、困倦或者无聊的时候；而用手挖鼻孔，除了正常动作之外，往往代表了其内心正处在无聊状态或是遇到了挫折；皱鼻子通常表示反感，在有些特殊情况下也有俏皮的意味，比如小女孩皱鼻子，往往表示俏皮；嗅鼻子则表示我们对场景中的气味有了反应；哼鼻子一般表示反感，这种情况在日常交际中较为常见，比如，当我们对某些人或事表示不屑一顾时，通常都会下意识地发出短促的"哼"音来表示嘲讽。

鼻子在静态的时候也会泄露出一个人的心理状态。比如鼻头冒汗时，虽然鼻子也是处于静态中，但这种状况的出现，往往代表着他的内心此刻正处于极度的焦虑或者紧张、恐惧等情绪中（具体处于哪种情绪，要根据他自己主观上对刺激源性质的判断来决定，如果觉得刺激源虽然强大但还不足以对自己造成伤害，那就是焦虑；如果觉得有可能对自己造成伤害，那就是紧张；如果觉得刺激源一定能对自己造成伤害，那就是恐惧）。假如在谈判场景中，我们观察到对方的鼻子开始冒汗了，那就说明，我们此刻已经打乱了对方的思路，掌握了这场谈判的主动权。

当然，鼻子并不是十分可靠的人的"指南针"和性格"晴雨表"，然而，这个特殊的部位给人们分辨某人的性格提供了许多信息，我们可以通过它的变化或微小的动作解读隐藏在面部表情背后的秘密，进一步掌握和解读更多的心理信息。

4. 不说话，嘴巴也能告诉你

一个人的五官在不同的表情搭配之下自然会呈现不同的情绪状态，同一个眼睛的表情搭配不同的嘴巴的表情，最后的结果也是不尽相同的。我们常说眼睛是心灵之窗，是一个人情绪的全部表现，其实并不是这样的，在面部器官中，嘴巴也是重要的表情呈现器官。

嘴形能透露出一个人的性格底色，既然讲到了嘴，那就不能不说说嘴唇。我们看到一个人的嘴的时候，最开始看见的就是嘴唇。嘴唇和嘴是分不开的，嘴唇的薄厚、颜色是我们需要观察的焦点。

我们在健康的时候，嘴唇是红润的，而且富有光泽。这个光泽如果你平时不是很能注意到，那么当你去看一个病人的时候，再注意观察一下他的嘴唇，这个时候你就会发现，健康人和病人的嘴唇是不一样的。一般病人的嘴唇都是黯淡无光的，而且呈现灰白色，这个特点在电视电影中也经常会被用到。比如在影视中如果某个人身负重伤或者身患重病，那么嘴唇就会被涂上白色，或者是灰白色，用来增加这个伤或者是病的效果，而且看上去效果的确很逼真。在正常情况下，一个人的嘴唇应该是红润的，而且上下对称，如果不是这样，有异常情况可能就会有问题了。如果说嘴唇比较小，而且还有收缩的情况出现，并伴随着一些其他的问题，比如说颜色不是很好，可能是这个人的健康出了问题，要么就是经常性地饮食不规律、作息也不规律。

不同的面部动作，嘴角会呈现出不同的形态，这些丰富的嘴角形态，正反映了当事人处于何种情绪之中。

A. 嘴角上扬

这个表情动作是最容易辨认的，当一个人开心的时候，他的嘴角就会不自觉地上扬，这是真实情绪的自然流露。假如一个人只是勉强露出微笑，那你可以观察一下，其嘴角没有任何动作，即便勉强保持嘴角上扬的动作，但嘴部的肌肉明显是僵硬的。

B. 嘴角扁平

在什么时候一个人的嘴角才会出现扁平的形态呢？也就是当他把嘴唇抿成"一"字形的时候。大多数人在需要做重大决定或事态紧急的情况下就会有这样的反应，这表示他正处于思考状态中，而且，这样的人大多比较坚强，具有坚持到底的精神，面对困难从来不会退缩。因此，习惯做出这样动作的人很容易获得成功。

C. 嘴角上挑

相比较嘴角上扬，嘴角上挑的人看上去有点傲慢，这表示其内心处于强烈的优越感中。这样的人机智聪明、性格外向、能言善辩，善于和那些陌生人成为朋友。他们胸襟开阔，有较强的包容心，即便是面对那些曾经伤害过他们的人，他们也从来不放在心上。

D. 嘴角下压

当一个人嘴角下压的时候，这个人的整个嘴部会有下垂的动作。这样的嘴角动作，表示当事人正处于负面情绪之中，有可能是悲伤、懊恼、抑郁，等等。尽管他在极力掩饰内心的这种情绪，但其嘴角的细微动作还是将其内心的秘密显露无遗。

嘴唇的特征说明的是一个人的性格问题，嘴巴的动作说明的则是一个人此时此刻的心理反应。一个是先天固定的模型，一个是后天环境的影响，两者结合，就不难读懂一个人了。

5. 下巴的动作，你注意到了吗

下巴，是人面部口腔下方的部位，即脸的最下部分，也称颏。研究表示，所有的灵长类动物或其他任何物种都不曾具备的特征就是下巴，这说明，只有人类才有真正意义上的下巴，这是人类独一无二的特征。虽然下巴并不属于五官范畴，但是下巴却象征着人类的本能，它和人的动物意识有着密切关系。不仅如此，下巴还影响着脸部的线条轮廓。虽然在人类的表情动作中，下巴的动作显得有些简单、细腻，但是这种动作却可以真实地反映出一个人的心理活动。

心理学家认为，人类下巴的形状代表着个性。他们认为，长下巴的人显得优雅而灵秀，但是过长的下巴则会给人一种冷傲、矜持的感觉；短下巴会使人的五官失彩，给他人留下的第一印象通常是很普通的；下巴尖细的人多半有些神经质，他们的生活、婚姻易产生问题；圆下巴的人通常性情温和，富有仁爱之心，在工作、爱情、事业等方面都比较幸福美满；宽下巴的人性格比较强硬，他们有恒心，喜欢刨根问底；方下巴的人多是行动主义者，他们个性刚毅果断，富有进取心，一旦下定决心做某件事情，就会排除万难，不达目的誓不罢休；双下巴的人通常心胸宽广、豪放不羁，也有的人把这种下巴称为"大黑颚"，认为拥有这种下巴的人财运比较好，但又不贪婪，所以能够过得平安、富裕。

心理学家研究发现，人类下巴的动作往往带有特殊含义。比如说，下巴的收缩和抬高就有着不同的含义，可以给他人带来不同的印象。所以我们在生活、交际中，只要学会观察别人下巴的动作，即便是初次见面，也能通过相关判断推测出对方的个性和情绪。心理学家把人的下巴动作的含义做了一个大概的总结：收下巴表示隐忍，缩下巴表示驯服，耷拉下巴表示困乏，突出下巴表示攻击，用下巴指向他人表示骄横等。

（1）收缩下巴

如果我们在生活中看到有人经常把自己的下巴收缩起来，那么这个人的性格一定比较软弱、怯懦，情绪也经常处在不安和担忧之中。受这些情绪的影响，他行事一般小心谨慎，注重眼前的事情而缺乏长远的打算，不善于采纳意见、接纳别人。在沟通中，如果我们观察到一个人做出了用力缩下巴的动作，那么就表示他的内心已经产生了畏惧和驯服，已经将自己放在低于他人的地位上了，此时他对于别人的要求也是遵从、妥协的。

（2）下巴向前突出

如果我们观察到有人做出抬起下巴向前突出的动作，那就表示他的内心已经有愤怒情绪产生了，他希望通过抬下巴的动作来挑衅对方（人在抬下巴的时候眼睛会半睁半闭，很容易被他人视为挑衅）。如果他当时正在谈判，这种动作就表示，对方提出的条件已经触及了他的底线，引起了他的强烈不满；而那些在生活中一直保持下巴向前突出的人，往往认为自己高人一等、处处比人强，这种动作是故意做出来给人看的，他们还同时有着强烈的自我表现欲；如果一个人经常将自己的下巴高高抬起，那这种人往往过于自信、骄傲、爱面子，对别人的成绩不屑一顾，同时自己有着高度的优越感。

（3）抚摸下巴

和以上下巴的动作相比，抚摸下巴的动作则显得非常有深意。在正常情况下，抚摸下巴通常是一个人表示自我安慰的动作，也就是说，在他抚摸下巴的时候，他的内心有不安情绪产生，刺激信息让他感到尴尬或者棘手；而如果在对质或讨论的环境中，他做出抚摸下巴的动作，那么则表示他正在认真思考或者正在听取他人的意见；如果他在抚摸下巴的同时，目光随意自然，那就说明他有自己独特的看法，可以理解为他是胸有成竹的。

（4）用手托下巴

女性在很多时候也会做一个与下巴有关的动作——用手托下巴。实际上，托下巴和抚摸下巴一样，都带有自我安慰的作用，一般出现在人们丧失自信、孤独、尴尬、思考的时候。这种自我亲密的动作能给自身传递出安慰信号，也能掩盖其内心的真实情感，而女性做这个动作，往往表示她此刻需要安慰。当然，如果对方在托下巴的同时眼神空洞，那说明她一直沉浸在自己的思维世界中，根本没有接收到任何与当前环境有关的信息。

在沟通中，作为意见表述者的我们，如果观察到对方做出用一只手托着下巴或者将手放在脸颊旁边的动作，并且目视我们，那么就表示他正在认真地听我们的讲话，正处在接收信息、思考的过程中。而当我们希望他采纳这一系列意见时，这种托下巴的手势随之转变为抚摸下巴，这表明对方正在考虑如何回复。

在现实生活中，还有一些特殊的托下巴的动作，比如有的人喜欢用一只手指抵着下巴，做这种动作的人也多善于思考，但是性格偏于内向，在大多数讨论场合这种人是不会发表自己的意见的，他们的性格比较随和，只不过缺乏主动性。而在一些特殊的情境中，抚摸下巴还带有得意的含义，比如有人在洋洋得意的时候会一边摇头晃脑一边抚摸自己的下巴；而有的人在对某件事情很感兴趣的时候，会格外地集中精力，也会下意识地做出托下巴的动作，比如在约会的时候女孩觉得男孩很让自己满意，就会托着下巴看对方。

人在反对的时候也会做出托下巴的动作，比如一个人用食指伸在脸颊上，拇指托着下巴，或者他把手指蜷缩起来托着下巴，将拇指放在脸颊上。在做出这样的动作时，说明他正在以否定的态度评估对方的意见，而且，这种评估是他经过深思之后的判断。所以，如果我们在生活中看到对方做出这样的动作，那么我们就要注意了，他接下来就要反驳你了。

心理学家认为，人们在生活中很容易通过下巴来传递自己的情绪，比如说，说谎技术"不高明"的人在说谎的时候会下意识地做出摸下巴的动作。所以在生活中，导致对方做出托下巴或抚摸下巴等动作的原因是很多的，我们应该结合这个人其他的面部微表情，以及所处的环境、语境等信息，对他的心理进行全面的评估、猜测。

第三章 眼睛是心灵的窗户

YANJING SHI XINLING DE CHUANGHU

1. 眼神是最诚实的

有人说眼睛是一个人心灵的窗户，心灵是眼睛之源。因此，想要了解一个人的内心世界，最好的方式就是去观察对方的眼睛。眼睛可以说是脸部最富表情的器官，人的眼睛是人体中最难以掩盖情感表现的地方，也是最容易泄露秘密的地方，人们的情绪在多数情况下都会在眼睛中表现出来，哪怕只是稍纵即逝的眼神，也能反映出人类深层心理中的欲望和感情。人的眼睛可以反映出其心灵是否纯洁，眼睛所表达出来的情感在所有面部器官中是最为真实的，也是最难掩饰的。眼神的集中程度、活动方向等都能表达不同的心理状态，所以，读懂人的眼神便可知晓人的内心状况。

眼睛掩饰不了一个人内心的美与丑。一个人如果光明正大，眼睛就会明亮；如果不光明正大，眼睛就会灰暗无神。听一个人讲话的时候，如果注意观察他的眼神，这个人的内心是无法完全隐藏起来的。

通过眼神解读人心善恶的方法自古就有。春秋战国时期孟子就这样说过："存乎人者，莫良于眸子。眸子不能掩其恶。胸中正，则眸子了焉；胸中不正，则眸子眊焉。"可见一个人的眼睛完全可以透视一个人的内心。

但是国外有位知名作家却将人类的"眼睛"定义为直径大约2.5厘米的器官，这不像在说我们富有灵性的眼睛，倒像在解释人类发明的摄影机。眼球中具有感光功能的角膜就含有约1.37亿个细胞，它们可以将从外界收到的信息通过视神经传送至大脑。眼角膜中的这些具有感光功能的细胞，通过亲密合作可以同时处理150万个信息，因此人们的每一个回眸、每一次眨眼，都在向别人传达着万千思绪，人们的每一个眼神都是内心丰富的情感的表达，都在透露着自己内心深处的秘密。

现代研究也发现：眼睛是大脑在眼眶里的延伸，眼球底部有三级神经元，就像大脑皮质细胞一样，具有综合分析能力，而瞳孔的变化、眼球的活动等，又直接受脑神经的支配。所以从科学的角度上说，眼睛完全可以反映出一个人的情感世界和内心想法。

因此，注意观察一个人的眼神就可以知道他的心理变化。例如，在与人交谈时，我们会发现一个性格天真单纯的人，他的眼神一定会是清澈的；而当我们看到一个人的眼神是浑浊的，则表明这个人的心中充满了欲望。在与人交流时，要善于与别人进行对视，这除了是尊重他人的礼貌之外，更重要的是眼睛还能够告诉我们隐藏在对方心中的真实情感。

人的眼睛投射出的目光是最为真实的镜头，只要我们细心地观察，就可以通过眼睛窥视一个人内心世界的变化并了解其性格特点。当与一个素不相识的人初次见面的时候，一般最先注意到的是对方的脸部，而在整个面部器官中最能够引起注意的无疑就属眼睛了。研究人员经过长时间的研究发现，眼睛的形状以及眼神、目光都能够映射出人的性格特点和内心的情绪。在警务人员执行任务或者审讯犯罪嫌疑人的时候，他们总是先去看对方的眼睛，通过观察眼睛的形状以及眼神的改变情况来获取自己想要的信息，在收集信息的同时去挖掘复杂多变的心理。

在现实生活中，试图完全掩饰自己眼神的想法一般很难实现。因为人脑中有长期作用的"推己及人"的判断机制。

比如，当你怀有隐瞒或者是欺骗的想法时，会直接将对方的眼神视为"危险"，那么在遇到对方观察的目光时，边缘系统就会发挥作用，做出逃跑反应，眼睛周围的肌肉会反射性地让眼睑立即合上。在对方的眼中，你的目光就属于"闪烁"，是值得怀疑的。而且也不要指望这种短暂的眼睑闭合会逃过对方的观察，和其他视觉动物一样，由于视觉暂留性，人眼对于移动的物体更加敏感，而且视觉暂留的时间为 0.05 ～ 0.2 秒，比每次眨眼的时间 0.2 秒还要短。

人类是一种视觉性动物，对外界的大部分感觉都来自视觉，人的眼睛毫无疑问是五官之首。为了保护眼睛这个脆弱而裸露的重要器官，让它尽可能地发挥自己的功用，眼部肌肉在数量、强度、灵活度和协调性上都远胜于其他的面部肌肉。眼睛本能的反射动作多而且强烈，也就不可避免地会流露出很多我们本来想掩盖的心理状态和波动。就拿人们平时品尝食物来说，在看到一桌美味佳肴时人们最先注意到的是菜的色相以及装盛方式等，如果看到食物的卖相很差的话，会直接影响到人们的胃口。因此眼睛作为人的五官之首，是具有一定道理的。

科学家经过长期的研究发现，眼睛之所以与其他器官不同，是因为在眼睛周围的肌肉组织非常发达且精密。在这种精密的肌肉组织下，能够有效地保护眼睛不受伤害，还能够使人的眼睛快速且频繁地活动，使眼睛可以反射出内心的细微变化。比如，当人们遇到危险物体袭击的时候，眼部周围的肌肉就会在最短的时间内将眼睑合上；如果人们用眼睛直视强光的话，瞳孔会立即收缩，以避免眼睛受到过强的刺激。

美国思想家爱默生曾说过："人的眼睛和舌头所说的话是一样多的，不需要字典就能够从眼睛的语言中了解整个世界。"一个人的愤怒、兴奋、恐惧、厌恶、惊讶、害怕以及自卑等任何一种情绪，都可以在人的眼睛中体现出来。

当一个人的眼神发生变化的时候，并不是毫无理由、随便表现出来的，人的身体上所有的器官运动都是受到大脑支配的，其中也包括人的眼神流露。那些源自内心的各种情绪冲突，烦恼、愉悦，总会不自觉地引起眼睛的变化，人们通过长时间的观察和归纳，在潜意识里对这些变化进行总结，将人的眼神分为下面几种不同的类型，每一种眼神类型都代表着不同风格的个性心理：

（1）眼神完全避开

有的人在说话时会将自己的眼神完全避开，眼睛不敢直视对方。这样的人，大多心中有鬼，有可能在他过去的经历中出现了一些事情，使得他不敢面对比自己更正派的人；但是，偶尔他也会主动迎上对方的视线，这表明其内心正在做挣扎，心中隐藏着一些东西，但是，他又很想证明自己问心无愧。

（2）直盯着对方的眼睛

有的人在说话时直盯着对方的眼睛，不躲也不避。这样的人有着较强的自信心，可以说他是有些任意妄为的，他希望自己的表现能给人留下很自信的印象，实际上，他们对自己并不那么自信。当然，如果两个人总是直视对方，那么，谈话的气氛很容易陷入难堪的境地，因此，他们大多会在视线接触后不久就转移自己的视线。

（3）紧迫逼人的眼神

有的人在看着对方的眼睛时并不是温和的，而是紧迫逼人的。这样的人内心有些自卑，总感觉自己比别人差了那么一块，但是他们自己却没有意识到这样的心理。他们总是强烈地表现自己，在表达自己的观点时，他们会紧逼别人，看着对方的眼睛，好像在说："我说的是正确的吧！"而如此的眼神可以令身边的人闭上自己的嘴巴，同时，还会让人感受到那种威逼的力量。

2.眼球活动泄露了你的秘密

俗话说："眼睛是心灵的窗户。"眼睛是由眼球和眼睛的附属器官组成的，其中眼球，也就是俗称的眼珠，是主要器官。在科学家的精心研究下发现，人类眼球后方感光灵敏的角膜中含有1.37亿个细胞，它们在接收到外界的信息之后传至人的大脑中，而其中的感光细胞在任何情况下都可以处理150万个信息。这些数据说明，就算是转瞬即逝的眼神也能够传达出上千条信息来。例如，当别人回答你所提出来的问题时，可以观察他的眼球运动的方向来总结其运动的规律，然后再问他一个相似的问题，去观察他的眼球运动的方向是否与上一次的方向相一致，如果出现的是不一致的情况，则说明他两次的回答中有一次在说谎。所以，通过眼球的运动方式可以获取很多有用的信息，这些信息能够很清楚地反映出一个人的心理活动。

眼珠的转动也是一种语言，在不同的心理状态下会表现出不同的运动方式。大脑不同的区域具有不同的功能，在进行不同类型的思考时，运用的区域也是不同的。这些区域虽然功能不同，但是相互之间的联系和影响还是存在的，这其中最明显的是进行不同的思维运动时，眼珠随之进行的运动。

经科学实验证实：人的思维被视觉主导时，比如在回忆往事或者是勾勒有画面感的情景，眼球就会向上运动；人的思维被听觉主导时，比如在听音乐，眼球会停留在中间；人的思维被触觉主导时，眼球就会往下运动。在日常的人际交往中，一个认真听他人讲话的人的眼球是不会向上翻起的，而一个在积极思考的人，他的眼球也绝不会是定住不动的。

心理学家经过长期的研究总结出来，在大多数情况下，人们在编造一件子虚乌有的事情时，眼球通常会向右上方运动；而当一个人在回忆某件事情的时候，眼球则会向左上方移动。这种眼球的运动方式被研究人员称为"典型的眼球运动"，95%的人遵循这个规律，剩下的5%的人则表现出相反的迹象。

其实，在中国古代的时候，人们就已经知道眼睛是可以传递信息的了，在古时候就有"心许目成""暗送秋波"等词语表示人们通过眼睛来表达情感。而到了现在，使用的词语就更加丰富了，比如"眉来眼去""眉目传情"等。

研究人员在研究眼球运动规律的过程中，做了一个非常有趣的实验，他们引导一个人去回忆自己的过去，例如自己当初长什么样？自己前一个星期对上司说了什么话？研究人员在观察他们眼球运动的时候，发现大多数是向左上方运动的。

心理学家在研究的过程中明确指出，当人们在回忆自己以往的事情或者在勾画人生未来蓝图时，人的眼球会向两侧运动，他们将这种模式称为视觉模式，只要人的大脑进入了视觉模式之后，眼球就会向两侧运动；而在看电影或者欣赏音乐的时候，人的眼球会不自觉地跑到中间，这种情况被心理学家统称为听觉模式，在听觉模式下，眼球会向中间靠拢；当人们工作了一天，非常劳累想睡觉的时候，人的眼球会向下运动，研究人员将这种模式称作触觉模式。

在心理学家总结出的视觉、听觉、触觉三种眼球运动模式中，人们又根据眼球运动的不同表现，总结出眼球运动与性格之间的关系。从眼球翻滚的不同方向，可以透视出一个人的性格特征，如果将这些特征铭记于心，那么在与人交流时就可以独占先机。

（1）眼球惯于向右上方转动

人的眼球向右上方运动时，表示的是视觉想象，想象以前从来没有遇到过的情景或者创造新的画面，例如，想象明天要见的陌生客户长得是什么样子。

这种类型的人最大的特点就是喜欢做白日梦，但是他们做白日梦并不是消极地幻想，也不能说明他们只会凭空想象、天马行空，世界上诸多的科学研究成果和发明都是建立在想象的基础之上的。这类人另外一个典型的特点就是擅长进行逻辑分析，他们在通常的情况下都会对自己想象的事情进行精密的逻辑分析，这种类型的人在创新方面有着得天独厚的才能。

（2）眼球惯于向右下方转动

眼球向下的时候表示人的神经处在触觉模式中。在对这种类型的人进行研究时，FBI人员发现他们的心思非常细密，而且思考能力也特别强。FBI人员指出，当和这种类型的人交往时，一定要特别小心，因为他们总是疑心重重，常常以为自己是侦探，在这类人面前只要出现一丁点不寻常的事情，他都会想出很多莫须有的东西来。此外，他们做事非常精明，他们天生拥有唯利是图的性情，所以在钱财上面千万不要和这种类型的人发生纠葛，否则就会为自己带来很多不必要的麻烦。在与人交流的时候，如果发现对方的眼球只是偶尔向右下方运动时，则表明此人所讲的话很有可能是假话。

（3）眼球惯于向左上方转动

这种转动方式表示人处在视觉回想的模式中，会去回忆自己以前所经历过的事情，比如，去回想自己初恋的感觉是怎么样的，或者自己以前上学所经历过的糗事。

研究人员在观察这种类型的人时，发现当他们在回忆以前的经历时，他们的眼球就会不由自主地向左上方运动。这种人最为典型的性格就是喜欢回忆自己的往事，喜欢沉浸在回忆中。这种人在社交场合聆听别人的发言或自己的发言时，喜欢翻来覆去地回忆往事并把这种方式带入到谈话中，所以在与这种人交往时，一定要有足够的耐性。

（4）眼球惯于向左下方转动

这类人的想象力和思考能力都是非常强悍的，同时他们喜欢无拘无束地生活，虽然有些时候他们会给人好吃懒做的错觉，但他们能够合理地安排好自己的生活和工作的关系。此外，在工作中他们能够采纳别人的意见，也会将自己的想法分享给其他人。与这一类型的人交往，一定不要给他太多的压迫感，如果压迫感过于强烈的话，他就会对你失去信任而与你保持适当的距离。

（5）眼球惯于向左右运动

对于大部分人来说，眼球向左边运动是在对过往的事情唤起记忆，向右边运动则是对未来的、未发生事件的充满畅想。此外，一个人在紧张不安或怀有警戒心时，同样会左右运动眼球，因为他们希望在全幅的视野中把握情况，尽量收集情报，或者试图稳定心情。

其实，人们经常所讲的"通过眼睛观察一个人的内心""眼睛是心灵的窗户"，都是有依据的。FBI 人员能够根据眼球运动的规律来判断对方内心世界的变化，当一个人在回忆自己的先前往事的时候，他的眼球多数是不会向右翻滚的；当一个人在勾勒自己未来的人生蓝图的时候，也大多不会将自己的眼球向左侧运动的。因此，我们可以利用眼球运动的轨迹去推测一个人是否在说谎。

3. 视线表露了你的心事

人们常说人是视觉性动物，日常生活中经常提及的感兴趣或者欣赏的事物，在绝大多数情况下都是最先从视觉开始反映出来的。例如，在大街上听到一首动听的歌曲时，你会四处张望寻找声音的来源；当美女或帅哥从面前走过时，眼睛的视线会停留在其身上，即使脱离了你的视线还会四处寻找其背影。

但是假如对眼前的人或者事情不感兴趣的话，那么眼睛就会很少投视线过去，比如遇到一个非常难看的异性时，人们都不会想看第二眼。一个人内心有什么样的欲望或情感，都会通过他的眼睛表现出来。

在日常生活的交际中，视线的交流是彼此沟通的前奏。在通常情况下，辨别一个人是否对自己产生兴趣，其中最直接有效的方式就是去观察对方是不是在看你。换个角度来说，就是看你们之间有没有视线上的交流，当你看到对方的视线完全不在你身上的时候，就说明他对你没有什么兴趣。不过在公共场所被一个陌生人盯着看时，又会觉得浑身不自在，有时候甚至还会感觉到害怕。

眼神之间的交流在人际交往中是非常重要的。人们在交流的过程中，有 40% 到 60% 的时间都会和对方的目光进行接触；而在倾听别人说话时，视线接触的时间比例会上升到 90% 以上。当有人投来注视的目光时，则表明对方对你有兴趣、想接近你，在交往活动中，通过观察一个人的视线方向，能够透视他的内心活动。所以，人们常说，视线的交流是沟通的前奏。

一般来说，我们可以从不同的角度和不同的观点来了解一个人的视线。譬如，在交谈的过程中，观察对方是否在看着自己，这一点是很关键的，观察对方视线的活动状态，看对方是直视自己，还是对方的视线一旦与自己的目光相接触就立即移开，这两种情况所反映出来的对方的心理状态是截然不同的。观察对方的视线方向，看他是以正眼盯着自己，还是以斜眼瞪着自己；

观察对方的视线位置，看对方到底是由上往下看，还是由下往上看，等等；观察对方视线的集中程度，看他是专心一致地看着自己，还是视线漂移不定、躲躲闪闪，令人弄不清他究竟是在看什么地方。

我们在社会生活中，应该懂得一些透过视线活动了解一个人内心世界的方法，这对人与人之间在交往中的心理沟通具有重要意义。

一个人的视线往往带有很多有效信息，与此同时，视线的动向也代表着他内心正处于不同因素主导的状态之中。比如说，当我们用平行的目光，也就是我们平行注视他人的时候，代表着我们和对方是处于平等的关系层面上的，同时也表示我们会冷静、理智地处理彼此之间所要讨论的问题。这样的注视效果不仅会让我们彼此的沟通更加畅快、自然，也很容易让我们的讨论达成好的结果。

如果我们对某个人的关心和感兴趣的程度不断加深，那么我们的视觉角度就会逐渐从正视转变为斜视，这种转变往往代表着自己对对方开始感兴趣，既想多了解对方又怕被对方察觉的一种微妙心理。如果交流的两人关系再次升级，我们对对方感兴趣的程度开始转变为仰慕，那么我们就会丢掉所有的遮掩，正大光明、不顾一切地仰视对方，以此来表示自己对对方的喜爱、崇拜之情。

当然，如果对方没及时理解我们眼神中的含义，只感觉到我们是在斜眼看他，那么这种注视方式可能还会引起他的反感，因为斜视会带给对方一种被审视的感觉，这种注视方式似乎是在表达对他人观点的怀疑和猜忌。事实上，斜视是一种很好的视觉角度，可以很好地观察到对方的面部特点，而且不容易被对方发现。生活中有很多销售人员就经常使用斜视这一视角来观察顾客，当然前提是不会被客人发觉。在日常交际中，如果不是女性，往往不能很好地隐藏视角，那么就尽量不要使用斜视的视角注视别人，因为这样的视角会让人感到不悦，从而影响交流效果。

一般来说，当两个人进行目光交锋的时候，后移开视线的人在心理上占有优势；如果一个人的目光散乱，说明他的心中很紧张、十分不安；如果一个人在交流的过程中主动移开自己的视线，说明他心中有鬼，或者缺乏自信；如果一个人目光下垂，说明他心不在焉，或陷入沉思。

就一个人的视线来讲，不同的方向所代表的意义是大不相同的。

（1）视线向上

习惯视线向上的人一般都比较自信，大多有着非凡的身份或地位，他们习惯于将自己的视线置上，以示自己心中的优越感。这样的人在做事的时候，通常比较专横、霸道、独断，很少与别人商量，也不善于接受他人的意见，所以别人很难走进他们的世界。

在交流的过程中，如果对方的视线向上，则表示他对当前的话题没有兴趣，不想再继续谈论了。

（2）视线向下

习惯视线向下的人大多性格温和、亲和友善，很容易相处，但缺乏主见，独立性较弱。他们不太善于与人交际，总会认为别人比自己强，由于他们对自己的信心不足，所以在面对别人的目光时，常会不由自主地躲闪。

在交流的过程中，如果对方的视线向下，则表示他心不在焉，或者对当前的话题持厌烦的态度。

（3）视线投向远处

当说话进入正题的时候，如果对方的视线时而移开直视远处，则说明他对你所说的话不感兴趣、漠不关心，或在考虑与当前话题毫不相关的事情。譬如，当你很有诚意地对爱人说话的时候，他的视线并没有停留在你这里，而是注视别的地方，说明他的心里正在盘算其他的事情，也或许他在心里隐藏着什么秘密，对你说不出口。

（4）视线斜向一边

斜视则是一种含义更多的视线，它既可以表示感兴趣，也可以表示不确定、疑问，还可以表示反感和排斥。

一般习惯斜视的人多半自以为是，总把自己置于高位，看不起周围的人，他们感觉任何人都不如自己，所以脸上常常挂着一种不屑的神情。在聚会的时候，我们常常会见到斜视对方的眼光，这种眼光通常代表拒绝、轻蔑、迷惑、藐视等心理，在商业战场中的竞争对手之间常会用这种蔑视的眼神看对方。如果在交流的过程中，对方将视线斜向一边，是表示他内心中已经很不耐烦了。

但是，如果在生活中，我们观察到对方在目光投向一侧的同时，做出了眉毛轻微上扬或者面露笑容的动作，那就表明，对方对其目光投向的事物是很感兴趣的，这种表情在女性身上最为常见。如果女性在微笑的时候，做出头稍微向一侧偏移、眼睛向同侧方向斜瞟的动作，会给他人传递出一种既俏皮又带着几分好奇的娇憨感，这个动作非常容易激发男性的保护欲望。心理学相关研究表明，斜眼微笑的女性是最有魅力的，戴安娜王妃就是用这种笑容征服了全世界。

（5）视线岔开

在谈话中，如果发现对方将视线岔开，刻意不与你的目光交流，则表示对方不想与你继续交谈，或者是一种拒绝你的信号。

（6）视线集中

如果一个人把视线集中在某一个地方，长时间地凝视，则表示他对该事物有兴趣。

如果长时间地把视线集中在某一个人的身上，多半是怀有敌意、有威胁的意思，此时被注视者常会产生很大的心理压力。一般警察在审讯犯罪嫌疑人的时候常常会用这个方法，意在让罪犯在心理压力下对自己的罪行供认不讳。

另外，如果对方瞪着你不放，嘴里却轻描淡写地说："唉，事到如今，听天由命吧！"这表示他的谎言即将被揭穿，不由自主地显示出一种故作镇定的姿态。

（7）平视

在正常的沟通交流中，采用平视也就是正视的视角观察对方，既是一种交际礼貌，也是对沟通者的尊重。如果我们在沟通交流的过程中不正视对方，很容易会引起对方的疏离感，对方会因此认为我们没礼貌，从而在内心拒绝我们。所以在日常交际中，我们应该尽量正视对方，以保证沟通的顺利进行。

4. 从眼皮动作上读懂内心

通常情况下，当人处于高强度的压力环境中时，都会做出频繁眨眼的动作，而眨眼正属于视觉阻断行为中的一种。但很多时候，眨眼又有着一些特殊的含义，所以在本小节中，我们会对眨眼这个特别的视觉阻断动作专门做一个分析，以便读者朋友们对这个动作有一个更为清晰的了解。

眨眼行为是非常常见的，每个人都会在不经意间做出眨眼的动作。研究人员指出，一个人频繁眨眼也同样能够反映当事人的心理变化。在前文中曾经提到过，当一个人情绪焦虑不安、非常紧张且烦躁时，就会频繁地眨眼。心理学家认为，一个人眨眼的次数与他内心的紧张程度有密不可分的关系。

一位美国著名的心理学家曾经做过一项研究。他观察到两个人同样是在参加辩论赛的时候，其中一个演讲者的眨眼次数是每分钟 20 次，而且在演讲的过程中表现得非常轻松、自如；而另外一个演讲者则表现得不尽如人意，在演讲台上显得紧张不安，演讲的内容也是在磕磕绊绊中讲完的，心理学家在观察他的眨眼次数时，发现他每分钟眨眼的次数竟高达 105 次。在比赛结束后，前者以巨大的优势获得了比赛的冠军。后来，这位心理学家还分别研究了美国总统参加竞选时的录像，意外地发现在竞选演讲的过程中，每分钟眨眼次数最少的人到最后都会成为美国总统。该心理学家得出结论，当人的内心感受到心理压力或者内心的情绪发生变化时，为了缓解内心世界所承受的压力，就会频繁地眨眼睛。

研究人员指出，在一般情况下，人的正常眨眼频率是在每分钟 20 次左右，而每次睁眼和闭眼间隔的时间在 0.2 ～ 0.4 秒之间。当一个人内心所承受的压力越大时，眨眼的频率就会越高；此外，当一个人在编造谎话的时候，眨眼的频率也会明显加快，其原因就是在编造谎话的时候害怕被别人戳穿，导致紧张感加重，所以眨眼的次数增加。

FBI 特工曾经调查过一起汽油弹爆炸案件，那是发生在一个居民小区里的惨案，而爆炸的时间正好是晚上居民睡觉的时候，很多居民都没来得及逃脱就被大火吞噬了。

在案发的小区中，住着一位退休的 FBI 特工，他的名字叫莫里克。他在退休之后就搬到了这个小区，很快和周围的街坊邻居熟络起来。在案发的当晚，他应邀去参加了朋友的聚会，所以逃过一劫。爆炸事件在公众中造成了非常恶劣的影响，为了能够尽快侦破此案，当地警方找到了已经退休的莫里克并邀请他重新出山。

在爆炸案还没有发生之前，莫里克就从四周的街坊邻居口中得知，在这个小区住着一位名叫乔安的人，虽然他长着一副童叟无欺的面孔，但是生性顽劣。当地警方早就已经怀疑他与一起贩毒案件有关，因为碍于没有确切的证据，无法实行抓捕。所以警方24小时监视着乔安，但没找到一点蛛丝马迹，恰巧的是，就在警方撤掉暗哨不久后便发生了爆炸案，于是莫里克把乔安列为怀疑对象。

之后，莫里克找到乔安并准备和他聊聊天。当乔安看见莫里克出现在家门前时脸上露出了勉强的笑容，这种微笑只出现一瞬间便消失了，但还是被眼尖的莫里克看到了。

随后他们俩便交谈了起来，乔安说："我本来打算今天去郊外踏青的，但是由于前几天小区发生了爆炸事件，导致我的计划被搁置了。更为糟糕的是，我的车在这起爆炸事件中损坏了，真是倒霉。"乔安在说话的时候并没有去看莫里克，莫里克注意到这一点后接着说："要不这样吧，我的车没有被爆炸事故波及，我把车借给你，我们一起去郊游吧？"

"这……恐怕有点不太好吧，我最不喜欢的就是麻烦别人了。"乔安在说话的时候，眼睛仍然没有正视莫里克；而且莫里克发现在谈论爆炸事故的时候，乔安眨眼的频率要比正常交流时高得多。丰富的经验告诉莫里克，乔安在编造谎话，至于他为什么在谈及爆炸事件时要说谎话，那就一定是他和爆炸事件脱不了干系。随后莫里克要求警方严密调查乔安，终于在乔安家中发现了相关物证，在审讯时乔安也供认不讳。

人们在很多情况下都会特别钟爱眨眼这个动作，不论是有意识的还是无意识的，眨眼这个动作每天都会被我们重复无数次。研究表明，人在正常情况下，平均每分钟眨眼的次数约为30 ～ 50次，每次眨眼的时间约为1/10秒。而在内心紧张的情况下，眨眼的频率约为每分钟105次，也就是说，人类在紧张的时候会不由自主地加快眨眼频率。所以，在生活中，如果我们发现有人开始频繁眨眼，可能就说明他正处于情绪紧张之中。

A. 眨眼的频率提高

心理学家发现，有时候，当人说谎的时候眨眼的频率也会提高。这是因为，在行为人自己的内心中也认定，他在情急之下编造出来的谎言是拙劣的，甚至连他自己都能轻易地找到破绽。所以，当他讲出这个谎言时，很害怕会被别人识破，自然也就承受了很大的心理压力。在这种压力的主导下，行为人就会产生紧张情绪，所以他眨眼的次数就会有明显增加。

B. 主动眨眼

眨眼也有一种特殊情况——主动眨眼，在现实生活中，有些人就是偏爱眨眼这个动作。研究人员经过观察发现，喜欢对别人眨眼的人，一般都是非常自信的人，他们喜欢自己受到别人的追捧，在聚会中表现得非常显眼，当他们主动眨眼的时候，往往透露出一种自信，让人在很短的时间内就能够将他记住。比如，知名歌手罗志祥就特别喜欢在表演时做眨眼的动作，他因此被广大粉丝称为"电眼歌手"。另外，很多明星在拍广告的时候也会使用眨眼的动作，这能传递出一种很强大、很直观的自信感，也从侧面增添了这些明星们的魅力。还有些时候，行为人会通过眨眼这个动作来向他人示好，如果对方报以微笑，那么行为人就会显得更加自信。

C.　眨眼的频率降低

心理学家表示，虽然眨眼睛频率的快慢与人的内心所承受的压力有着密切关系，但是在压力之外，眨眼睛还透露出一种瞧不起人的意味。如果在眨眼的过程中，行为人眼睛闭合的时间超过 1 ／ 10 秒，那么这个动作就是明显的视觉阻断性动作。也就是说，这种动作是一种下意识的动作，代表着行为人想要阻止眼前的一切事物进入眼帘。有些人会利用延长眨眼时间的间隔来显示自己高人一等的姿态，有些时候还会表现为仰起脑袋紧闭双眼。比如说，当我们很讨厌这个在自己眼前喋喋不休的人，可是又不好直接回绝对方时，我们就可以通过延长眼睛闭合时间来回应对方。这类人往往自命不凡，他们利用这些细微的动作来表达自己藐视他人的心态。另外，当人们认为自己没有受到公平待遇的时候，常常也会做出这样的动作，以表示抗拒的意思。

除此之外，人们在缅怀某些事情的时候，也会下意识地增加眼睛闭合的时间。比如说，人在回忆一些事情的时候通常都会无意识地放空眼神，或者干脆闭上眼睛，以此来回避周围的干扰，使自己的思想沉浸到回忆中。通常我们会在老人身上看到这样的画面，他们躺在阳光下的藤椅中，闭上眼睛静静地回忆过往时光。

5. 透过瞳孔的变化去解读他人

美国心理学家海兹曾经注意到，人们在看见美女或者遇到了一件非常有趣的事情时，瞳孔都会不同程度地放大，于是他做出了非常大胆的假设：人的心理变化和瞳孔存在着密切的关系。为了证明自己的猜测是正确的，海兹做了一个有趣的实验。

海兹分别拍摄了五种不同风格的照片，分别是婴儿出生的照片、婴儿母亲的照片、一个男子的裸照、一个女子的裸照以及一张美丽的风景照片，然后将这些照片交给参加实验的人欣赏。

在实验之前，海兹先观察了参加实验者的瞳孔大小。在他们欣赏照片的时候，他发现这些人的瞳孔都有不同程度的缩小和扩张，这也证明了他当初的假设是正确的。他观察到参加实验的男性和女性在看到异性裸照的时候，他们的瞳孔出现了放大的现象；而在看到婴儿照片或者婴儿母亲照片的时候，他们的瞳孔跟平常比较起来缩小了不少；而当他们看见风景照片的时候，则发现他们的瞳孔与平常的大小是一样的，没有发生改变。

心理学家指出，人的瞳孔变化代表着不同的含义，例如，当人们在进行交流时，说到让人兴奋的事情时，人们的瞳孔会向外扩张；当交流的内容无趣时，人们的瞳孔就会缩小。其实，除了眨眼可以透露人内心深处的秘密之外，瞳孔的变化也会将人隐秘的心思泄漏出来。

其实在很早的时候，人们就已经知道该怎么透过瞳孔的变化去解读他人的内心世界了。相传在古代，珠宝商人在向达官显贵推销珠宝首饰时，就是根据他们瞳孔的变化和大小来调整价格的。例如，当顾客看见一串闪闪发亮的项链时，他眼睛里的瞳孔扩张得很大，那么珠宝店的老板就会趁机将价格抬高。人们在看到喜爱的事物时，瞳孔会不自主地张大；或者当人们对某一件事情发生了强烈的兴趣时，瞳孔也会迅速地张大。

研究人员认为，人的情绪就如同外界的光线一样，能够给瞳孔带来相类似的变化。此外，当人受到突如其来的惊吓时，瞳孔会突然地张大；女生见到自己心仪已久的男性出现在电视中时，瞳孔也会不自主地变大；当人遇到了自己不喜欢的东西时，瞳孔便会缩小。

在二战结束之后，美国和苏联这两个超级大国进入了冷战时期。期间，FBI特工曾经抓获了一名潜伏在美国的苏联间谍。作为一名高素质的间谍，他在审讯的过程中表现得非常冷静，但审讯他的人同样也是FBI最杰出的特工，他们明白一个人表现得越是冷静，则说明他所知道的情报就越有价值。

由于苏联间谍的口风很紧，寻常的问话方式得不到想要的情报。FBI当局为了能让这名苏联间谍透露情报，就让特工艾米斯来审讯他。艾米斯是有名的犯罪心理学教授，他能够通过人的面部表情来推测罪犯的心理活动。

艾米斯准备了很多张照片让这名苏联间谍辨认，而这些照片上面记录的都是与这名苏联间谍有过接触的人的信息。在看照片的过程中，艾米斯还要求这名苏联间谍在看见上面的信息时，要用简短的话语描述上面的人。在刚开始的时候，艾米斯并没有发现不妥的地方；但是当其中一张照片出现的时候，这名苏联间谍的眼里露出了一种不一样的光芒，他的瞳孔在短时间内突然张大了，但是很快迅速收缩，继续保持着他一如既往的沉着冷静。虽然瞳孔的变化只有短暂的几秒钟，但还是被眼尖的艾米斯发现了，于是艾米斯通过这张照片抓住了间谍的同伙。通过接下来的调查审讯，将苏联的情报组织全部捣毁了。

心理学家指出，人们的眼睛可以做出很多反射性的动作，遍布在眼部四周的肌肉组织能够灵敏地察觉到来自外界的危险，并且能够在最短的时间内采取最有效的措施来保护眼睛。当人们遇到自己感兴趣的事情时，眼睛四周的肌肉就会发出信号，使瞳孔放大；而遇到自己不喜欢的事物或者感到愤怒时，人们通常都会将自己的眼睛眯起来，瞳孔也会随之缩小。

在男女谈恋爱的时候，眼睛是最能够表达情感的。他们在相见的时候，瞳孔在通常情况下都会张开得很大，通过这样的方式表达自己内心的兴奋感、幸福感。在电影中经常看到男女主角相爱的桥段总是发生在灯光朦胧的地方，从心理学角度来说，灯光朦胧与产生情愫是有一定联系的，而这种联系最为关键的地方就是人的瞳孔变化。在暗淡的光线中，人的瞳孔会不由自主地扩张，从而让两个人相互产生吸引力，逐渐产生情愫。

经过心理学家长时间的研究，将人的瞳孔变化所传达的信息分为以下两种情况：

（1）消极的眼部动作

当人们看到自己不喜欢的东西出现在面前时，内心就会产生消极的情绪，与此同时瞳孔会立即收缩。这样我们就可以通过观察瞳孔的反应，来精确地判断一个人内心的变化，看清楚他的性格，从而也能有效地保护自己。FBI人员将这种变化称为消极的瞳孔反应，例如人们在去商场买东西时遇到推销员，人们通常都会将自己的眼睛眯起来，这是因为人们在心中对产品的质量有所怀疑或者对推销员缺乏信任感。

在与人交谈的时候，当发现对方出现这种反应时，你就应该识趣地闭上嘴巴，因为他已经产生了厌恶感。不过在有些时候也要学会区分瞳孔的变化，因为某些人只是将这个动作当成一种习惯。

（2）积极的眼部动作

当人们心情激动，或者被突如其来的意外事件吓到的时候，眼睛就会睁大，其内部的瞳孔也会迅速地扩张。这样能使人最大限度地吸收光亮，从而向大脑输送足够的视觉信息。

当然，在人的面部器官中能够表现积极情绪的有很多，不仅仅有瞳孔放大这一种，"追视"也是其中的一种。追视，顾名思义就是追着别人的影子去看。这种情形在小孩子的身上最为常见，比如他们看不见自己的母亲时，就会号啕大哭，从积极的瞳孔变化转变为消极的瞳孔变化。睁大的眼睛、追视的动作传递出了一种积极的信号，透露出人内心的舒适、愉悦。

心理学家根据丰富的工作经验提出，当人睁大眼睛，眼睛亮亮地看着某人时，表示喜欢某人，或者对某人所说的话、所做的事表示非常高兴或充分肯定。这是一个十分实用的知识，在做生意、谈判、与他人对话、谈恋爱等场合，都可以以此方法来获悉对方的心理，判断自己的交流方式是否得当，或需要怎样进行调整。如果局势稍显紧张，而又希望交谈能继续进行下去，或者希望对方能够感知到自己内心的愉快以及对他的好感，便可以有意使用此动作来缓和气氛。

不过要知道瞳孔扩张以及收缩，并不是必然与情绪或心理状态相关的，当光线发生变化、健康状况出现问题，或者对某些药物出现不良反应时，瞳孔也会放大或缩小。如果属于这种情况，可千万不要被"情绪"之说误导。

第四章 日常姿势反映真实性格

RICHANG ZISHI FANYING ZHENSHI XINGGE

1. 睡姿是性情的表现

睡姿，是指人在睡眠过程中所保持的肢体动作，每个人都拥有自己独特的睡眠姿势。FBI人员认为，人类的睡姿是受潜意识支配的。人们在睡眠中，其行为模式会脱离显意识的控制，归由潜意识管理，而潜意识所控制的肢体行为属于下意识的行为。因此，睡眠姿势所传达出的信息，可以真实地反映出行为人的内心与性格，甚至从某种角度来说，睡姿还体现了行为人近期所处的环境氛围和当前的情感状态。

睡眠的重要性不仅仅体现在能够恢复精力，良好的睡眠习惯还是身体健康的一个重要保障。我们的睡姿是完全没有思想意识的一种身体语言，这种语言所表示出来的信息现在得到了越来越多人的关注。睡姿这种表情能很好地反映出个人性格里最真实、最本真的一面。

有调查显示，在人类社会中，大约有60％的人习惯仰睡，35％的人习惯侧睡，5％的人习惯俯睡。在睡眠过程中，人们可能会不断地调整睡姿，直到最后的睡姿让自己感到最舒适为止。生理研究发现，人们的睡姿和健康有着很大关联。一般情况下，身体健康的人对睡眠姿势的要求是不高的，但是对于一些身体有不适或者疾病的人来说，只有采用最合适的睡眠姿势才能入睡，比如说颈椎不舒服的人对枕头的要求就比较高。

据统计，人的睡姿大概分为六种，每种睡姿都和本人的性格有着直接的关系。

（1）婴儿睡

这是很常见的一种睡觉姿态：身体往右侧，右手放在枕头上，或者是放在枕头边上，左手很自然地搭落在腰上，双腿很自然地弯曲。婴儿在母体中时就呈现这种姿势，拥有这种睡姿的人性格有比较普遍的代表性，比如说在见到陌生人时会感到很害羞，一时间找不到更好的话题来转移这种害羞的心态。性格决定了他们很害怕面对自己不熟悉的事物，但对自己熟悉的东西，比如说环境，比如说某个人，就会有很强烈的依赖心理。

（2）趴着睡

先不说这种睡觉方式体现的性格问题，单从健康的角度来讲，趴着睡觉会增加心脏的负担，对健康很不利。趴着睡时，脸转向一边，两手放在枕头的旁边，这是非常少见的一种睡姿。采用这类睡姿的人很喜欢热闹，在人多的地方他们总是感到很亲切，很快就能融入这种吵吵闹闹的环境中，胆子很大；但是脸皮有点薄，冷不丁的害羞的表情让人有大吃一惊的感觉，内心多多少少有些神经质的成分。潜意识里，他们的自我保护意识很强烈；但并不知道该用什么样的方式来保卫自己，平时的生活里总是能感觉到自己好像是防卫过度了。在社交场合中，他们很习惯和别人保持一定的距离，即便是不得已和你的距离很近，但其实内心的距离很远，因为他们的防卫心理让自己不会轻易地接受一个人。这种人一般都是内向型的人，内心封闭、保守。

（3）规规矩矩地仰面睡

这种睡姿是中规中矩的一种极端表现。睡觉的时候脸向上，平躺，两只手放在身体的两侧。拥有这种睡姿的人性格很中性，既不过分外向，也不是很内向，他们很理性，在他们身上极少会发生感情用事的事，不大喜爱说话，你很少有机会能听到他表露自己的心迹。

（4）睡觉姿态呈现"大"字形

这种人很乐意接受别人的建议和意见，并且在自己的朋友和熟人需要帮忙的时候，一般不会含糊。有这种睡姿的人，性格上有两种倾向：第一种是盲目乐观型，他们对人对事的看法、态度并不是从人或者是事情本身出发的，单纯就是自己的看法，而且持有的是积极的乐观态度，他们很自信，甚至是自负，快人快语是他们最典型的特征，心里藏不住话，也放不下事，一旦有点什么，就有说出来的欲望；另一类人就是能力非常强悍，所以他们不畏惧伤害。这两类人都缺乏对人的防卫心理，这一点和趴着睡的人正好相反。

（5）树干型睡姿

睡觉的时候身体一侧靠近床边，腿的弯曲度很低，两只手靠近身体。这类人最明显的特征是很容易就相信别人，他们的性格很中庸，个性既不是非常理性，也不是很感性。人在侧卧的时候，手放在胸前是一种防卫的表现，就像是我们在和别人见面的时候，如果对方让自己觉得很不舒服，或者是有点反感，就会本能地将两只手放在胸前，这种姿势就表示自己的拒绝和防卫。睡觉的时候也是一样。

2.坐姿也能表达情感

心理学家经过研究认为，人的坐姿可以显露其个性。虽然每个人的坐姿看上去都是很随意的，但是通过这随意的坐姿，也能窥探出一个人心理活动的规律。

要想通过坐姿了解人的性格特点，必须从三个方面去观察：第一个是所选择座位的位置情况；二是在坐下时与对方之间所保持的距离；最后是坐下的时候是什么样的姿态。心理学家指出，通过观察上面所陈述的三点，就能够准确无误地了解一个人流露出来的个性信息。

（1）选择座位的位置

在研究坐姿的过程中，心理学家将座位的位置分为四种情况：靠窗的位置、墙角的位置、门口的位置以及房间内对着门的位置。

A．靠窗的位置

紧靠窗户的座位很受人们的喜爱，这不仅是因为靠近窗户的座位能够看见外面的风景，其中更重要的是能够有足够独立的空间和对方进行交流沟通。通常喜欢选择靠窗座位的人，他们外表看起来虽然很平和，但是内心却是一个非常独立自我的人，这类人追求健康自然的生活，拥有积极的性格，为人处世非常老练。这种人从来不打没有准备的仗，所以他们能够很好地把握自己的命运，在工作方面有很强的干劲。

B. 墙角的位置

墙角两面都环绕着墙壁，给人一种有依靠的感觉。所以，墙角的位置会让人在心理上产生无后顾之忧的感觉。通常选择墙角位置的人，都是善于隐藏个人信息的人，他们不习惯在别人的面前曝光自己。他们之所以选择墙角的位置，是为了能够更好地观察他人的行为举止。这种类型的人通常表现得心思缜密且敏感，性格很内向，他们不会轻易地将自己的负面情绪展现在脸上。这类人非常注重人与人之间的感情，且做事细心周到。

C. 门口的位置

经常选择坐在门口位置的人，表明他们的神经非常紧张，害怕发生突发事件。而他们之所以会选择门口的位置，主要是为了能够快速地逃离危险的地方，或者想节约时间。选择门口位置的人通常性格急躁，他们的生活节奏很快。这种类型的人做事有着十足的上进心，且意志坚定，但是，有时候他们也会表现出固执的一面。

D. 房间内对着门的位置

这是中国人餐桌上的文化，中国人将房间内对着门的位置称作"主位"，坐在这个位置上的人一般都是辈分高或者权力大的人。坐此位置的人一般权力意识比较强，对着房门坐，首先在心理上就占据了一定的优势。

（2）与对方之间的距离

研究人员在研究人与人之间座位的距离时，发现从两个人座位间隔距离的大小，可以看出两个人关系的亲密程度。从另外一个角度来说，如果是互不相识的两个陌生人，坐在一起的距离过于接近的话，其中一方或双方势必会产生不安的感觉，两个人的距离过于靠近，会让人觉得私人领域被他人侵占；但如果是一对亲密无间的情侣，就算周围的空间再大，他们也会挤在一块儿。

（3）坐姿形态

除了通过选择座位或者观察两人之间座位的距离，观察一个人的坐姿形态更能够了解他自身的性格特点。通过以下几种常见的坐姿，让我们来看看这些人的性格特点是什么样的。

A．正襟危坐

生活中，我们常会见到这样的人：他们无论在业余时间还是在公共正式场合，都会正襟危坐。习惯采用这种坐姿的人大多性格沉稳、做事严谨、力求完美、办事周密、讲究实际。他们只有在觉得已经有十足把握的时候，才会动手，很少会贸然行动；但是，由于他们谨小慎微，常会因为过于求稳而错过最佳时机，而且还会在开拓创新的领域方面缩手缩脚、霸气不足，很难有惊人的成绩。

B．侧身坐在椅子上

这种坐姿的人个性较强，很有主见，不太在乎别人的想法，心态很好、不拘小节。他们不太在意外界对自己的评价，为人率真善良、真诚友好，喜欢与别人打交道，不会隐藏自己的心理感受。

C. 把双手夹在大腿中而坐

这种坐姿的人性格内向、比较稳健、为人谦逊，自我保护意识很强。他们往往对自己信心不足，也不会百分之百地信服他人，只是由于他们处于弱势地位，不得不服从而已，所以这类人有很重的自卑感，缺乏安全感。

D. 跨骑而坐

这种坐姿的人个性很强，而且有很强的控制欲望，喜欢支配他人，但不愿意被人约束和管制。他们自我意识很强烈，很少会站在别人的立场考虑问题，显得有些自私和霸道。因此，当一个人突然把椅子转过来跨骑上去坐的时候，我们可以断定，这个人具有强势心理，有些粗鲁。如果在交谈中，对方做出这样的姿势，多半代表的是防御，意味着对方对目前的状况不太满意。

E. 双腿盘坐

在平常的生活中，我们常见有些人会把两条腿盘起来坐在床上或沙发上，这是一种比较随意的坐姿。习惯这样坐的人性格比较内向，不善于交际，做事情放不开，通常很多事情只想不做。如果在交谈中，对方采取了这样的坐姿，就表示对方存在防范心理，有些忧虑或紧张，缺乏安全感，不轻信他人。

F. 托腮侧坐

采用这种坐姿的人大多是小孩子，会显得非常可爱、纯真，这是在认真倾听和思考的表现。如果成年人采取这种坐姿，则说明他是一个非常谨慎的人；如果在交谈中，对方托腮侧坐，那极有可能是他对你产生了疑惑，这时你就要对你的话进行解释，否则这次交谈就会无果而终了。

3. 站姿是本性的自然流露

　　每个人都拥有不同的生活习惯、言谈举止以及意识倾向等，这一切都可以影响一个人站立的姿势。如果仔细观察，就会发现站姿这个简单的动作也会因人而异，有位明哲曾经说过："站姿是人性格的一面镜子"。即使只是随意地站着，人们也会因为性格和情绪状态的不同而呈现出多种多样的姿势。所以，我们从站姿中同样能够看懂对方的性格和情绪，换句话说，通过观察一个人的站姿就可以看出其性格特征以及内心真实的想法。

　　心理研究专家发现，人在站立时，会出现左右不对称的情况。由于人要处理不同的事务或者接待不同类型的人，所以很少会出现身体左右相对称的姿势。心理专家也指出，在大多数情况下，人的姿势都是左右不对称的。一个左右站立姿态差别越大的人，他的交际能力越强，是一个交际方面的高手。

　　一个好的站立习惯，不仅能够将一个人的形象充分地展露出来，还能够把精神面貌展现给他人。世界上每个人的站姿都是不同的，每个人都有自己习惯的站立姿势，通过对这些不同站姿的研究，可以最为有效、便捷地认识他人。

每个人的站姿可以真实地展现其性格，站姿更是人们自身形象的重要组成部分，人们第一印象的好坏在很大程度上来源于站姿的形象。

（1）昂首挺胸

当一个昂首挺胸、身形笔直的人站在你面前的时候，你肯定会被他的状态所感染。因为这是一种自信的表现，有这样站姿的人一般做事都会雷厉风行、正直、有魄力。所以，当你看到一个站立时胸部挺起、背脊挺直、双目平视的人时，你基本上可以断定他是一个乐观、自信、有理想的人。另外，这类人通常还比较注意个人形象。军人、警察等经过了长期训练之后都有这种站姿，而且令人惊奇的是，一个人如果内向、缺乏自信，通过训练站军姿，也可以变得开朗自信、有魄力。所以，你如果想让人对你有一个良好的印象，首先要养成良好的站立姿势。

（2）弯腰驼背

与昂首挺胸的站姿相反的是弯腰驼背的站姿。长时间萎靡颓废的性格，会让人形成弯腰驼背的站姿，整个人的腰是弯曲的，这种弯曲的站姿并不是由于年龄和病态造成的，而是由于内心的消沉和封闭造成的。这种人的性格大都比较封闭、保守甚至有点自闭，他们的自我防卫意识非常强，经常惶恐不安，他们对生活很难抱有较大的兴趣，精神上也非常消沉。

（3）双腿交叉站立

双腿交叉站立的姿势也是生活中经常出现和使用的站立姿势之一。这种站立姿势，要求行为人在站立的时候一条腿保持直立，另一条腿以脚尖着地或者与直立的腿交叉在一起。从本质上讲，这种动作是表达行为人自我放松的一种姿势，多出现在行为人认为当前环境安全或自己独处的时候，比如人们在独自乘坐电梯的时候，就很容易做出这样的站立姿势。但是，如果是在双方交谈或者交际中，行为人以这样交叉双腿的姿势站立，那就表示行为人有轻微拒绝的意思，或者说，行为人在自我表述的过程中有所保留。

（4）倚着其他东西

站立时习惯倚着其他东西的人，一般情绪比较低落。如果只是偶尔出现这样的站姿，可能是一时的心情不好引起的；经常做这样的动作的人，则性格上比较温和，对待别人时一般比较友好，说话比较坦白，也较容易接受别人的观点。

（5）姿态不断改变

站立时姿态不断改变的人，一般来说性格急躁，反映在情绪上，则是焦虑不安。他们的身心可能经常处于紧张状态，另外，他们的思想观念也会经常发生改变，没有固定的想法和信念，是个不折不扣的行动主义者。但在生活方面，他们大都喜欢接受新的挑战，具有创新精神。

（6）双臂交叉于胸前

站立时将双臂交叉于胸前，这样的动作好像在胸前设置了一个保护墙。在和对方交谈的时候，如果对方双臂交叉放在自己的胸前，那么即使对方的眼睛看着我们，脸上带着微笑，也可以断定你的话他可能根本就不赞同。喜欢做这种动作的人往往自我保护意识比较强，跟所有人都保持一定距离，给人一种难以接近的感觉。交叉的双臂会在两个人之间形成"屏障"，阻止沟通。当你想加入一个完全没有认识的人的团体时，若此时他们正聊得开心，这时候你千万不要双臂交叉加入进去，因为这种姿势就表明你与他们拉开了距离。

（7）双手叉腰

双手叉腰而立代表的是高度自信，这是一种开放型的动作，表明做动作的人对自己相当自信，对自己所处的位置有着绝对的优越感。在现实生活中你会发现，没有一定气魄的人是很难做到习惯性地将双手叉腰而立的。从外形上看，这种站立的姿势就像一个人"膨胀"了一样，使得行为人看起来更加强大、健壮和与众不同，这类人对身边发生的各种事情往往都能随时做好应付的准备。在发生矛盾的时候，人们有时会做出这样的站立姿势，而如果双方的矛盾进一步激化，那行为人就会将叉在腰部的双手握成拳头，或者做出挽衣袖的动作，这个时候，对峙双方的进攻欲望就非常强烈。如果行为人在双手叉腰站立的时候，用一只脚的脚掌轻轻叩击地面，并将叉在腰部的双手抱在胸前，那么这种站立姿势就有挑衅的意味；如果行为人在用脚叩击地面的时候，把双手背在身后，那么往往代表着行为人的身份较高（比在场的其他人高），这种站立的姿势代表着权势和决定力。

（8）双脚站立，双手插兜

习惯于双脚自然站立，将双手插入裤兜的人，多少有些保守，如果加上时不时地拿出来又插进去的动作，则说明此人心中可能有些事情放不开，内心产生了沮丧、失落的情绪。这些人的性格往往谨小慎微，做事习惯三思而后行，但又常常在事后感到后悔。

（9）反重力站姿

生活中，有的人在站立的时候会让自己的前脚掌离地，用脚后跟支撑身体；有的人则相反，用前脚掌支撑身体，脚后跟离地，这两种站立的姿势通常持续时间不长，但是会有节奏地重复出现。一旦行为人做出了这样的站立姿势，那就意味着，行为人当前的心情非常不错。FBI将这种站立姿势称为"反重力站立"，他们发现，人们在通电话的时候经常会做出这样的站姿，比如行为人在和恋人或者挚友聊到一些愉快的事情时，就会一边仰望天空一边将自己的脚掌或者脚后跟有节奏地翘离地面。

4. 走路方式体现了不同性格

当一个人从你身旁走过时，他的性格和情绪会一览无余地呈现在你的面前，因为这一切都在影响着人们的步伐。注意观察他们的走姿，你会有惊奇地发现。

走路的姿势是一个人从小到大逐渐养成的，所以，它更加集中地体现了一个人的性格和修养。一个人走路的姿势是很难伪装和改变的，并且会完全暴露在人们的视野中，从走路的姿势我们可以很快地了解一个人的性格和他的情绪状态。

人走路的样子千姿百态、各不相同，给人的感受也各异。有的人步伐矫健、动作敏捷，给人以健壮、活泼、精神抖擞之感；有的人步履蹒跚、俯身驼背，给人疲惫、没有活力之感；有的人走路左右晃动，给人一种浮夸的感觉；有的人走路体态端庄、优雅大方，让人觉得斯文且稳重。医学研究也证明了，一种良好的步态习惯有助于身体健康。

生物学家将直立行走作为人类出现的标志，而人类之所以能够成为万物之灵，其中腿有着不可磨灭的功劳。

心理学家研究发现，在正常情况下，每个人都有自己独特的走路姿势。为什么可以在离对方很远且看不清面貌的情况下，判断出一个人是不是自己熟识的朋友？就是因为其独特的走路姿势。因为每个人的身体结构不同，导致展现出来的肢体语言也大不相同。所以，不同的走路姿态传递着不同的信息，而我们就可以从这些信息中看出一个人的性格特点。走路的快慢、跨步的大小和姿势，也会因为情绪的改变而改变。

比如，当要与分别很久的伴侣见面时，由于心情急切，步伐一定是大步流星，绝不会是步履蹒跚的。走路时经常脚不沾地的人，显得很轻浮无力，而这种人的性格与他的脚一样轻浮，缺乏恒心和决断力，这种类型的人在事业上很难获得成功；有的人走路时经常不断地回头，总觉得自己在被别人跟踪，这种人生性多疑，对他人有很强的戒备心；走路将脚尖向内的人，性格懦弱，喜欢独处；走路将脚尖向外的人，做事积极主动，应变能力和社交能力都很强；走路时脚步轻快的人，大多身体硬朗、充满活力，做事也很公正，不会以权谋私，心无杂念，在交际中比较受人欢迎；走路不管快慢都会发出声音的人，心胸宽广，为人憨厚老实。

心理学家指出，最完美的走路姿态是稳步缓行，脚步稳健而缓慢。通常习惯这种行走姿态的人淡定从容，就算遇到棘手的事情，也能轻而易举地化险为夷。而在正常情况下，良好的步态应是行走自如、步伐矫健且动作灵敏。

走路的快慢、步子的大小、采取什么样的步态都和性格及情绪有关，以下是一些常见的走路姿势和对应的性格特点：

（1）垂头丧气

低着头缓步前行，很少抬头观察路况及他人。此类步态的人，自信心薄弱、性情懦弱，在人际交往中往往处于弱势地位。需要注意的是，人在心情沮丧时也会出现此种步态。

（2）昂首挺胸

如果一个人走起路来昂首挺胸、气宇轩昂，则说明他是一个充满自信的人。这样的人头脑灵活、思维敏捷、善于规划，做事有条不紊，有较强的组织能力，有一定的领导才能，在事业上能取得很大的成功。但是，有些时候，自信过头就会变成自负了，如果到了这个程度，他们就会固执地认为自己的意见是对的，听不得反对的意见和建议，凡事都以自我意愿为主，这样就会引起他人的反感，变成众矢之的，这是很危险的。

（3）八字形步伐

八字形的步姿为双脚脚跟向内靠拢，两脚脚尖向两边散开，呈现"八"字形。相传中国古代官员走路的步伐就是八字形，所以八字步也俗称"官步"。这类人走路时有左右摆动的趋势，看起来滑稽可笑。这类人极其怀旧且虚伪，习惯于按部就班，缺乏应对突发事件的应对能力，不懂得变通：这类人有着聪明的头脑，工于心计，做起事来总是不动声色，企图达到一鸣惊人的效果；这种类型的人喜欢独处，不善于交际。

（4）大步向前，步伐稳健

如果一个人走起路来步子迈得很大，步伐稳健，则说明他是一个做事沉稳、雷厉风行的人，但这并不代表他是一个急脾气、不负责任的人。步伐稳健的人性格稳健、精明强干、遇事不惊，在突发事情面前能够冷静面对。他们的适应能力很强，能够适应各种各样的环境，做事干脆利落，从不拖泥带水，而且他们的能力很强，很容易获得成功。

这样的人善于思考，习惯在仔细思量后再动手操作，这种做事方式让他能够稳扎稳打、脚踏实地地前进。在人际交往方面，他们属于一诺千金、重情重义的人，不论在生活中面临多大的困难和挑战，他们也不会在关键时刻背叛朋友；而是会向朋友伸出援救之手，与朋友同舟共济，很值得信赖。

（5）走路四平八稳

如果一个人走起路来四平八稳、不紧不慢，则说明这个人的性子很慢，做什么事都比别人慢半拍，在他们的性格中还有唯唯诺诺、犹豫不决的特点，所以常会导致知难而退、半途而废、错失良机等后果。这样的人往往固执己见，对于自己的错误不但不承认，而且还会找各种理由进行辩解，给人一种难缠、无知的感觉。

（6）走正步，节奏感强

所谓正步，就是看起来像军人的走路姿势一样，非常规范，他们挺胸收腹，走路一板一眼、步幅均匀、手脚协调、节奏感强。习惯于这种姿势走路的人意志力较强，心理素质也较强，勇于面对任何艰难险阻。他们对自己的要求很严格，信念坚定，专注于自己感兴趣的事情，耐力和韧劲极强，不会轻易放弃。

（7）身体微向前倾

如果一个人走路的时候，身体自然前倾，就像一只猫沿着墙角走路一样，说明他是一个信守承诺的人。这样的人性格大多内向、温和友善、谦虚有礼，有良好的自我修养。他们为人诚恳、待人宽厚、重情重义，尤其特别重视友情和爱情，而且非常珍惜自己的感情。他们不善言辞、言语朴素，从不花言巧语。当他们面临非常严峻的形势时，也能保持冷静的头脑，镇定自若、有条不紊地处理好问题。

（8）走路连蹦带跳

有的人走起路来喜欢连蹦带跳，这样的人性格外向，身体比较健康，为人活泼开朗，生活态度很乐观，很喜欢与人交往，没什么心机，对朋友能够坦诚相待，人缘极佳。他们不喜欢被约束，缺乏耐心，做事有时会粗心大意、丢三落四；不过，他们不求名利，不斤斤计较，安分守己，而且慷慨好施。

（9）走路风风火火，步伐急促

走起路来风风火火，步伐迅速而急促，双臂还不由自主地前后摆动是内心情绪亢奋的表现，一般遇到开心的或者值得期待的事情时会有这样的走姿。拥有这种走路习惯的人一般性格都属于外向型，活泼开朗，喜欢和人交流，做起事来也较豪放洒脱，敢于做各种尝试甚至冒险，但由于性格急躁，这类人容易冲动，有时可能会出现过激行为。但是有的人不管有事还是无事，不管办事地点是远还是近，即使时间十分充足宽裕，也仍旧急匆匆地，两脚运动得特别快，或者总是一路小跑。这种走路姿势是心急的表现，拥有这种走姿的人大多精力充沛，但是做事容易毛毛躁躁，不够耐心。

人们的腿脚在行走的时候，往往会摆出许多不同的姿势，让人的整个身体出现明显的差异性。总之，人类行走的姿势不仅仅是内心情绪的真实反映，还是性格的体现。心理学家指出，男性在走路时，想彰显自己的阳刚之气，要以大步为主，踩到地上时力道重一些，这样显得稳重有力；而女性要显示出优雅的一面，则应以小碎步为主，这样才会显得端庄优雅。但是无论男女，在走路的时候都应该保持上体笔直、膝盖伸直、脚尖向前迈出、两臂前后摆动自如、协调一致并且眼睛平视前方。

第五章　肢体语言从来不说谎

ZHITI YUYAN CONGLAI BU SHUOHUANG

1.头部动作有深意

在汉语语境中，头就是首，它是人体的"司令部"，人类所有的行为思想都是由头部产生的，可以说，头部是人类肢体语言的发源地、总指挥。在生活中，我们经常使用头或者首来形容事物的重要性，比如头功、头奖、头脑、头版、头条、首要、首先等。同样的，头部动作在生活中也有着重要意义，并且这些动作的含义非常清楚、直观，它可以直接表明行为人想要表达的含义或是对当前事物的处理态度。

下面我们就对几种生活中经常见到的头部动作来具体分析一下。

（1）点头

经研究发现，在沟通交流中，如果我们能够在对方讲话的过程中，适当地配以点头的动作回应对方，那表述者就更愿意说下去。但如果我们点头的频率过高或者和对方讲话的节奏不合拍，那也往往意味着，我们对表述者所讲的内容其实是不认同的，我们希望他可以早些结束谈话。也就是说，恰当合适地点头动作可以让我们的沟通交流更顺畅，所达到的效果更深入；而不恰当地点头动作，则会给我们的交流带来反效果。

点头不仅在沟通交流中有着重要作用，而且在识别谎言的时候也有特效。比如说，如果行为人一边否认问题一边点头，往往意味着，他所否认的事情在他自己心里是认同的，只是由于某些其他原因或者某种利益的驱使使他言不由衷地撒谎罢了；反之，如果行为人不断口头肯定一件事情，但在肯定的同时，又有轻微的摇头动作，那就表示，他所肯定的事情是谎言。比如，在 2012 年日本名古屋市市长否认"南京大屠杀"事实的事件中，该市长在随后的记者发布会上被记者追问这一问题的时候，虽然口头上依然否认"南京大屠杀"，但他在讲话的过程中却又不自觉地不断点头，这个动作就明显表明，他是在故意撒谎。

在生活中与别人沟通时，假如我们想要征询对方的意见或者答案，那就请不要把注意力放在对方说了什么上，而是要仔细观察他在回答的时候，头部动作是否和他嘴上说出的答案、意见相一致。如果一致，那表示他的讲话是真心的；如果不一致，则表示他在撒谎。比如说，当下属接受你的命令、爱人说爱你或者同事赞同你的观点时，同时做出了微微点头的动作，那就表明他们是真心的；但如果他们在回答你的同时，不仅没有点头，还做出了轻微摇头的动作，那么就说明，他们是口是心非，在面对这种人的时候，我们应该有所防范。

（2）摇头

摇头这个动作在生活中出现的频率，虽然没有点头的频率高，但也是头部最主要的动作之一。事实上，点头出现的频率之所以超过摇头，是因为人类都有被认同、被赞许、被肯定的心理需求，这种对美好心情的追求，是人们的生活所必需的，所以，点头动作的使用频率自然要远远超出摇头的使用频率。

（3）扭头

扭头是生活中常见的头部动作之一，这种动作其实是摇头的一种变形，通过扭头的动作，行为人将自己的目光转向别处，与交流对象脱离视觉接触，以此来表示自己不感兴趣、拒绝、排斥或者不接受的意思。事实上，我们早在婴孩时期就已经会使用扭头来表示拒绝了，比如，幼小的孩子虽然还不会讲话，但是当他吃饱的时候，他会通过将头扭到一边这一动作来表示拒绝继续进食。

生活中也有许多常见的扭头动作，比如学生如果对老师的批评感到不服气，那他在接受批评的时候，就会将头转向一边。这个动作也会出现在家庭教育中，孩子在面对家长的批评指责时，既感到愤怒又不敢发作，只好将头扭开。在谈判沟通的过程中，如果我们观察到对方做出了扭头的动作，那么就表示我们此刻提出的条件或者意见不被对方所接受，也或者是对方对我们的建议不感兴趣。在朋友交际中，如果我们自己说得眉飞色舞、兴高采烈，而其他朋友们却将头微微侧向一边时，那么我们就应该主动转移话题，或者将讲话的机会让给其他人。

（4）低头

低头的含义则更多一些。从形式上来讲，低头是点头的动作组成之一，因为点头就是由仰头和低头共同组成的。在有些情境中，低头代表着认同、接受、肯定的意思，但是另外一些时候，低头也意味着回避或者掩饰。因为人们的面部变化是很丰富的，低头可以将面部隐藏起来，而这些被隐藏起来的面部表情大多是消极层面的，也往往是难以伪装的，所以人们需要掩饰。但是在一些场合，低头也代表着害羞或者羞愧，比如说在聊天中，当谈到令对方尴尬或者难为情的事情时，对方往往会下意识地低头，以此来躲避他人的目光；但是，如果谈话双方是男女朋友关系，那么对方的低头动作往往代表着害羞。如果我们观察到对方在低头的时候还伴随着扭头的动作，那就意味着，对方有拒绝的意思。

（5）仰头

仰头和低头一样，有着很多的特殊含义。通常，人在愤怒的时候会做出仰起头、下巴向前伸的动作，来向他人示威。在吵架的时候这种动作出现的频率最高，所以说，仰头有愤怒、敌对、生气的意思。比如说，2003年伊拉克前总统萨达姆被美军活捉，在被法庭审判时，萨达姆面对法官，就做出了仰头、伸下巴的动作来回应，以此来表示自己对法官的不满和愤怒。仰头的动作也经常出现在小孩子身上，这种情况一般是他们在向大人索要东西；成人也保留了这个习惯，在需要别人的帮助或者普通人在面对权威人士的时候，会做出仰起头注视或者倾听的动作，比如美国大选时，选民们总是喜欢仰起头听竞选者的言论。所以，仰头还带有某种祈求和尊敬的意思。在生活中，有些老板就喜欢坐高大的办公座椅，以使他人仰视自己，从而获得被他人尊敬的感觉。

2. 手指小动作透露大秘密

法国散文家蒙田曾说："看啊，看看双手怎样允诺，怎样变戏法，怎样申诉，怎样胁迫，怎样祈祷、恳求、拒绝、呼唤、质问、欣赏、供认、奉承、训示、命令、嘲弄，以及做出其他各式各样变化无穷的意思，使灵活巧妙的舌头亦相形见绌。"从蒙田的叙述中，我们感觉到了手势语言的魅力。手势，就是指用手指、手掌、手臂的活动来表达情感、传递信息。

通常情况下，一个人无论是说话还是做事，都会附带一些手势，一方面可以强调和解释语言所传达的信息，另一方面适当的手势可以使说话的内容更丰富、形象、生动。对此，有人说："手势是口语表达的第二语言。"由于手势语是肢体语言的重要组成部分，因此，通过一个人所使用的手势，可以窥到其真实的个性。手势语是一个人在说话过程中常用的一种动作语言，一举一动均是其真实个性的自然流露。对此，心理学家认为，不同的手势反映了当事人不同的心理活动，这在某种程度上可以读出对方的真实个性。

　　某位英国记者在整理多张欧美首脑照片的时候，发现了一个奇怪的现象，从奥巴马、希拉里到卡梅伦、萨科齐，他们在讲话时都会摆出同一个姿势：伸出手臂，并用手指指向天空。尽管在很多时候，天空中什么东西也没有。

　　奥巴马在访问英国的时候，在交谈期间，首相布朗和保守党领袖卡梅伦都不约而同地伸出了手指；希拉里在多次民主党总统候选人拉票集会期间，在向民众讲话的时候，她也伸出了手指；德国女总理默克尔和法国总统萨科齐在欧盟会议上，两人均伸出了手指，眺望远方。

　　对此，心理学家这样分析：欧美领导之所以在讲话时伸出手指指向天空，是因为在他们的潜意识里，希望令自己看上去更具有领袖的气质，不想被观众认为是一个多余的人。英国心理学家马丁·斯金纳博士这样说道："首脑和那些即将成为首脑的人，都希望自己看上去像是一位真正的领导者。于是，在讲话的时候，他们在潜意识中试图摆出类似雕像的姿势。很显然，抬起手臂、昂起头的姿势无疑比光站着讲话更有活力，而眼睛向前上方望去，使他们看上去更有远见。"

　　在日常生活中，一个看似很普通的体态却包含着丰富的信息，一个人举止形态背后的潜意识才是我们所需要摸清的底牌。莎士比亚在《哈姆雷特》中说道："一个人表面上笑眯眯，其实心怀叵测。"试想，一个采取防卫、对抗姿态而又面带微笑的人，他或许是想以假笑来麻痹你，同时还在算计着如何拆你的台。大量事实表明，一些体态语言并不像表面看起来的那样，就好像某个不经意的手势，也许恰恰透露了当事人内心的真实情绪。当然，如果我们不仔细观察，肯定不会洞察到对方的真实心理。

下面，我们就简单分析其中几个手势语言。

（1）手不停地抚摸下巴

在与你交谈的时候，如果对方用手不停地抚摸下巴，那表示他已经陷入了沉思中，连你说什么他都没听见。如果你对此表示怀疑的话，你可以试着问他你刚刚在说什么，他一定回答不出来。

他们总喜欢想东想西，但从来不会想到去算计别人，只是在某些时候会陷入思考的迷宫中；同时，他又是一个比较敏感的人，如果你想告诉他什么事情，需要避免暗示，还是直接告诉他比较好，省得他胡思乱想。

（2）叉腰姿势

在与人相处的时候，对方的姿势已经泄露了他对你的潜在态度。有的人在潜意识里想给人留下这样的印象：身体强壮、沉着稳健，对别人的威胁不放在心上。对此，他们常常会做出叉腰的姿势。

（3）拇指托着下巴，其余的手指遮着鼻子或嘴巴

这样的人很有主见，你在说话的时候，他总是用拇指托着下巴，其余的手指遮着鼻子或嘴巴，那表示他在潜意识里根本

不同意你的观点，只是不好意思说出来而已。他之所以做出这样的动作，就是潜意识里怕一不小心会说出来。

当然，用手遮住嘴巴或鼻子，在心理上可能有两种情况：一是想反驳你，二是指你在说谎。如果是他在说话时遮住嘴巴或鼻子，那表示他"言不由衷"；如果你在说话的时候，对方保持这样的姿态，那就是他不同意你的观点。

（4）手掌向前推出

这样的动作经常性地出现在政治家身上，他们为了生存，需要对他人的攻击时刻保持警惕。如果你仔细观察一下那些政治家的演讲，就会注意到，他们在感到不安全的时候，常常会做出一些防御的手势，比如，将手横过身体，或者手掌向前推出，仿佛他们在躲避想象中的击打一样。

（5）十指交叉

这个手势动作是人们常用的一种动作，许多人以为这是自满的意思，其实并不是这样，十指交叉的动作是在隐藏自己内心的感觉。如果你在说话的时候，对方有这样的动作，那表示对方对你所说的事情并不感兴趣；如果对方将手松开了，这表示他有话要说，或者，想起身离开。在某些时候，十指交叉还表示内心焦虑、紧张。

（6）搓手

人做搓手动作并不是因为怕冷，而是在表达自己心中的某些期待。有的人搓手动作很快，那表示他对自己心中所想的事情跃跃欲试，而且抱着异常急切的心态，比如，有朋友说去踢足球吧，他就会快速地搓手，希望这一想法立即实现；有的人搓手动作比较缓慢，这表示他正处于做决定的紧要关头，犹豫不定，他正在考虑要不要去做那件事情。

（7）用指尖轻敲桌面

有的人喜欢用指尖轻敲桌面，桌面则会发出清脆的响声。这表示当事人正陷入思考中，或许正在思考解决问题的办法，或者正在犹豫要不要去做一件事。在某些时候，当事人在觉得不耐烦的时候，也会通过这种手势动作来减轻心中的压力。

（8）背手

有的人喜欢将手放在背后，这样的人对生活充满了热情，对未来充满了希望，他们大多有着成熟的心态，遇到事情显得十分冷静，常给人一种镇定自若的感觉。不过，背手这一手势动作也大有不同，有的人喜欢用一只手抓住另外一只手的手腕，这表示当事人很紧张，他之所以出现这样的手势动作，只是想控制自己的紧张情绪。而且，这样的手势，如果手握的位置越高，那说明情绪紧张的程度就越高。

（9）紧握的双手

紧握双手表示一种内心的紧张感、焦虑感，或者是一种消极、否定的态度。伊丽莎白女王在出席皇室访问以及参加公众活动时最常用的就是这个手势，这时她会将紧握的双手优雅地放在膝盖之上。双手握在一起，即便当事人还面带微笑，但也难以掩饰其心中的失落与挫败感。通常情况下，人们觉得自己所说的话缺乏说服力，或者是认为自己已经在这次谈话中落败的时候，就会出现这样的手势。这样的手势大概有三种：一是将双手举至脸部，然后握紧；二是将手肘支撑在桌子或膝盖上，然后紧握；三是站立的时候，双手在小腹前握紧。

（10）手不断地摸鼻子和嘴巴

当一个人用手摸嘴巴，这表示当事人试图要掩饰自己说的那些谎话，即便是用几根手指或紧握的拳头遮住嘴巴，所表现的心理都是一样的。

有时候，人们在撒谎时会习惯性地触摸鼻子，即使只是略微轻触，几乎令人难以察觉，心理学家赫希称这个为"匹诺曹综合征"。赫希指出："人在撒谎时，鼻子会充血，通过摸鼻子或擦鼻子，这种感觉能够得以缓解。"不过，摸鼻子并不是每个人都适用的欺诈标志，它有可能只是适用于某些人。

（11）塔尖式手势

塔尖式手势就是指将双臂放在桌面上，十指对应相抵，与拜佛的手势极为相似，但掌心是分开的。自信的人经常会用到这样的手势，以显示自己的高傲情绪。

塔尖式手势通常会出现在上下级之间的交流中，这个手势表现的是一种信心、权威。当领导指导下属，或者是给下属提出建议的时候，通常会使用这个手势；充满自信的领导经常会使用这个手势，以此体现自己的身份和自信。假如他对自己的答案很有信心，那习惯于使用这个手势的人还会将其演变成一种祈祷的手势，这样会让自己看起来更像是万能的上帝。

3. 由握手方式看穿对方心理

握手是一种社交礼仪，是人与人之间、团体与团体之间、国家与国家之间表示友好的常见动作。作为一种交流方式，握手可以消除隔阂，增加彼此的理解、信任，还可以表示多种意思，比如尊敬、敬仰、祝贺、鼓励、安慰、敷衍、逢迎、虚假、合作、强势、和解，等等。人一生中在很多场合都会做出握手的动作，握手是现代社交礼仪的重要组成部分。

在我国，握手这个礼仪动作是近现代才开始流行起来的。在中国古代，人们很少做出握手这种亲密性的礼节动作，即使是夫妻，双方也只有在长久分别的时候才会做出四手相握的动作。在现代社会生活中，握手这个动作已经成为留给对方第一印象的关键因素之一，人们会观察与自己握手的人的手部温度、湿度、力度以及握手的时间、松紧和是否有眼神接触等动作，来判断对方的心理动向。

有研究表示，握手的动作虽然简单、直接，但是因为每个人的握手方式不同，这些不同的握手方式能反映出当事人不同的个性和态度。所以，我们在生活中可以通过观察对方握手的方式和特点，来初步判断对方的个性和态度，这也可以让我们在接下来的交际活动中掌握主动权。

（1）平等的握手方式

生活中最常见的是平等的握手方式。这种握手方式，要求握手的双方将双手伸到双方中间的位置，手心贴手心、虎口对虎口，手掌相对而握，握手的力度要适中，时间要恰当，双方应有眼神交流，并控制在三次以内，面部保持微笑。这种握手方式表现了双方平等合作的态度。事实证明，在交际或者商业谈判中，做出这种握手动作更容易促使双方达成共识，为彼此的合作建立良好的基础。

（2）将左手覆盖在上面

做出这种握手动作的人通常是有头有脸的大人物。在握手的时候，主动方会抢先伸出右手和对方相握，再把自己的左手放在双方已经握住的手上面，以此来表示对另一方的热烈欢迎。在这个时候，另一方也往往会将自己的左手覆盖在对方的左手上。在生活中，如果有人习惯用这种握手方式，那么他大多是一个热情、真挚的人。

如果我们看到行为人在握手的时候将对方的手掌托举在自己的右手上面，然后把自己的左手覆盖在对方的右手上，并且伴有身体略微前倾的动作，我们就可以猜到，行为人的身份可能比另一方更高，因为这种握手多出现于长辈对晚辈、领导对下属表示慰问和关心的时候。

（3）掌心向下或者向左下伸出

生活中还有一种人，在握手的时候会用掌心向下或者向左下伸出的方式和他人握手。这种握手动作会使另一方在与他握手的时候不得不将自己的手掌心倾斜向上，因为，在行为人的眼里，对方倾斜向上的手掌就象征着迎合自己，可以给行为人带来很大的心理满足感，感觉自己有着支配和决定对方的权力。而此时，迎合方也会清楚地感觉到行为人的傲慢与无礼，因为这种掌心向上伸出与对方握手的动作，意味着自己被迫放弃了平等与合作。

有的人在与他人握手的时候，还会做出将本来平等相握的双手转换为把对方的手压在自己的手下的行为。这种独特的握手方式，可以给他带来掌控的快感和优越感，暗示着他掌握了主动权、控制权，在心理上占据了优势。但是被压的一方也会感觉到行为人是一个警惕性高，防御心、占有欲、控制欲强的人，因此在接下来的交谈和合作中，对方会保留意见，甚至会拒绝合作。在商业谈判中，如果我们是处于不利地位的一方，还可以在对方下压手掌的时候，主动把被对方压在手下的手掌翻转过来，将这种下压式的握手转换为和平式握手，以此来表明自己的态度。

（4）掌心向上

如果行为人主动做出掌心向上与他人握手的动作，那就表示，行为人主动将自己的身段放得很低，他希望以此来向对方表示尊敬和敬仰，暗示自己愿意接受另一方的支配。当然，这种握手方式也多出现在身份低的人接待身份高的人的场合。

（5）拉手式握手

生活中常见的握手方式还有拉手式握手。在这种握手形式中，行为人会用自己的双手拉起对方的双手，这种手势多出现在情侣和夫妻中，通常是用来传递自己的柔情，表示行为人将会永远陪伴另一方，与她（他）风雨同舟、不离不弃。在恋爱中，没有谁可以抵挡住对方这样的柔情。这种握手方式和十指相扣型的握手方式一样，都是情侣之间常见的握手方式。

（6）捏手指式握手

生活交际中还有另外一种握手方式——捏手指式握手。这种动作是指，握手双方中的一方只用几根或者一根手指与对方相握，而掌心不与对方接触。这种握手方式通常不多见，使用这种握手方式的行为人往往处于不耐烦的状态中，不欢迎和自己握手的另一方，甚至可能讨厌对方。因此，在对方主动伸出手掌与自己相握的时候，他只是出于礼节握一下罢了。当然，这种握手方式也有一种特殊情况，那就是当男女初次见面时，男士半握女士的手代表着礼貌和分寸，如果全握则显得不礼貌和粗鲁。

握手方式除了表示行为人的态度以外，握手的力度也可以展示出行为人的性格。如果在握手的时候力度很大，就表示行为人是一个自信心、掌控欲强的人；如果握手的力度适中，则代表着行为人性格坚毅、知进退、敢担当，是一个值得信赖的人；如果行为人伸出的手软绵绵的，没有力度、质感，那么就说明，行为人的性格比较懦弱，缺少魄力和正能量，性格孤僻而消极。

心理学家还会利用行为人握手时是否出汗和握手前后的手温差距，来判断行为人是否有紧张情绪产生或者是否说谎。科学研究表明，人在紧张的时候，内分泌系统和呼吸系统会出现一定程度的紊乱（紊乱程度和紧张程度成正相关），会出现血压升高、心跳加快、汗腺兴奋、排汗量增加等现象。也就是说，如果我们在与他人握手的时候，明显感觉到对方的手掌心渗着汗水，那就表示，他此刻的心情很紧张。

而在案件的调查过程中，警察还会通过行为人与自己握手前后的手温差距来判断行为人是否可疑。因为，一旦行为人在谈话前后手掌有明显的失温状况，那就意味着行为人内心有恐惧情绪产生。因此，他的潜意识会调集身体的血液和营养输送到腿部，以便于迅速逃跑，由于这种血液调离现象，他谈话前后的手温自然会出现很大变化，这就是典型的逃离反应。而什么人会在面对警察的时候想逃离呢？答案很明显，而警察们自然也有理由将此行为人定性为嫌疑人，进行深层次的调查。

4. 双臂的防守和保护动作

手臂，是指人类四肢中的上肢，指人体肩膀以下、手腕以上的部分，由上臂和小臂组成。对人类来说，人体重要的器官和组织集中出现在人体的上半身，而这些重要的器官和组织又是非常脆弱、欠缺保护的，在这个时候，人类灵活健壮的上肢承担着保护这些重要器官的作用，这也是人类手臂最重要的使命之一。在现实生活中，每当人们感觉到有危险来临的时候，都会下意识地用手臂护住将要受到危害的部位或者第一时间护住大脑、心脏、眼睛等部位。这样的动作不仅给要害部位提供了保护，还间接增加了人们内心的安全感。

人类在危险来临的时候将自己隐藏在具有保护性质的物体后面的行为，可以追溯到远古时代，可以说，这是人类的本能反应，即便我们还是孩童的时候，就已经会在危险来临的时候使自己躲在桌椅、墙壁或者其他一些可以提供遮挡的物体后面保护自己了。随着年龄的增长，以及人类手臂力量的增强，人们发现，有些危险可以通过自己的手臂解除掉，而手臂的保护能力也比障碍物来得更可靠和安全，于是在人们的潜意识中，手臂和保护开始画上了等号。

手臂和腿脚，它们共同担负起保护人类免受伤害的责任。在这方面，手臂比腿脚的责任更大，它不仅负责防守，还要同时担负起反击的责任。这种天生的职能让手臂和腿脚一样，拥有了快于身体其他部位的反射速度，从而显得更为诚实和敏捷。与表情常具有的欺骗性不同，手臂可以表达可靠的非语言行为，通过对手臂的观察，可以让我们更快地了解别人的思想和感受。

（1）双臂环抱

心理学研究发现，人在六岁以后就不会通过躲藏来回避危险了，而是渐渐学会了将双臂抱在胸前来保护自己。随着年龄的增加、认知的增强、生活交际的需要，人们又在保护自己的同时学会了掩饰，会把横抱在胸前的手臂放松一些，再配合双腿交叉的动作，来隐藏自己环抱手臂的目的，同时也隐藏了自己内心所产生的反感甚至是恐惧等情绪。不管怎么说，只要行为人做出了将手臂环抱交叉在胸前的动作，那就说明，他所面对的人或事已经对他产生了负面影响或是威胁到了他的安全，而他的内心也同时有紧张、不安甚至恐惧情绪产生，他在试图用这种手臂姿势保护自己。

不仅如此，心理学家研究发现，手臂交叉在胸前的动作还会影响到人们的主观判断和接受能力。1989年，心理学家进行了六次不同的课题演讲活动，并对参加本次演讲的1500名听众进行了调查研究。研究发现，在听讲的过程中保持双臂、双腿呈自然状态的听众的接受能力，比在听讲过程中手臂环抱、双腿交叉的人的接受能力高了 38 个百分点。并且这些保持手臂交叉或双腿交叉的听众，对演讲的内容甚至演讲人的要求也更为苛刻。

通过这个实验，心理学家总结出，在日常交际中，如果我们发现行为人始终以环抱双臂的姿势来听我们讲话，那么就表明他是不赞同我们所说的观点的，他在通过这种手臂姿势阻挡我们所传递的信息，这是一种潜意识主导下的防御姿势。而且这种手臂姿势还有着其他含义，比如在争执或者竞争中，当双方势均力敌、争执不下的时候，行为人做出环抱手臂的姿势就带有反抗的情绪，表明行为人对对方的态度、观点、意见持反对态度；再比如，当行为人面对一些人或事时做出环抱手臂的姿势，并伴有一只脚向前伸、身体微微后仰的动作，那就表示，行为人对面前的人或者事情有足够的把握，这种动作是行为人自信心高度膨胀的表现。

（2）摊手臂

在生活中，与环抱手臂含义相反的手臂动作是摊手臂。正如前文所说，手臂有着保护胸腔和头部的重要作用，即便是在没有危险的情况下，人们的手臂也会保持在身体两侧，不会做出远离身体的动作。但是，如果在生活交际中，我们看到行为人做出了手臂向两边摊开的动作，那么就表示行为人已经被眼前的人或者事情打动，他信任对方，愿意向对方敞开心扉。摊手臂的动作往往代表着坦诚、率真、诚实，人们在讲真话的时候往往会下意识地做出摊手臂的动作。有的时候，人们也会主动用摊手臂的动作来传递思想，比如在法庭中，辩护人在发表辩护意见的时候，都会展开手臂，以此来暗示法官自己所讲的内容都是事实；再比如在球场上，面对裁判的判决，球员也会用摊开的手势来表示自己没有犯规。

（3）交叉手臂

生活中还有一种特殊的交叉手臂姿势，这种姿势的特点是，在交叉手臂的同时还会伴随着握拳的动作。当一个人做出这种手臂姿势时，往往表示他对自己所做的事情感到心虚，内心有着强烈的焦虑和不安，并对试图探明自己秘密的人有着强烈的敌意。

在美剧《Lie to Me》中就有一个这样的案例：FBI接手了一起调查篮球明星受贿打假球的案件，探员和助手在球场上约谈这名篮球明星时，他环抱着篮球向探员们走过来，表情也很自然，并没有负面情绪流露。探员从球星的手中接过篮球，在地上一边拍打一边询问一些问题，整个谈话过程都很顺利，并没有什么疑点。在回去的路上，探员的助手觉得这次调查没有起到效果，而探员却认为这名球星一定有问题，他说："今天不是询问的好时机，他向我们走来的时候是抱着篮球走过来的，这个姿势就像在我们之间隔了一道屏障，说明他对我们的到访有很强的防范意识。后来我在拍篮球的时候，他做出了手臂交叉并且握拳的动作，这说明，他对我们受理这个案子有着强烈的敌意，再加上这个球星的脾气很坏，所以我们要慢慢展开调查。"果然，在随后的调查中发现，该名球星确实有打假球的现象，因为他患有关节炎，不久就要退役，所以他希望能在退役前再挣一笔钱，以此来保证自己和年幼弟弟的生活。

（4）挽手臂

挽手臂是一种特殊的手臂姿势，这种姿势多被女性所使用，在现实生活中，我们经常可以看到有女性挽着自己的男朋友或者老公走在大街上。FBI 通过研究发现，女性的动物性比男性更强，而肢体的碰触就是动物性的体现之一。在生活中，女性一般是不善于表达或者羞于表达自己的情感的，如果我们打动了对方，那么她们就会受到动物性的影响，做出一些肢体触碰动作，通过这些肢体接触动作来表达自己内心的情感。所以，挽手臂是女性表达亲密的特有姿势，当这种姿势出现时，就说明她与你的心理距离已经大大缩短了。所以说，当女生主动挽起男生的手臂时，就往往意味着女生已经接受并喜欢对方了。

（5）向上折手臂

折手臂的动作需要行为人将一条手臂的小臂向上折起，并用该手臂的手掌托着下巴或者抚摸下巴。有的人在做这个动作的时候，还会用另一只手抓着已经折起的手臂的上臂或者臂弯。做出这种手臂动作的人，通常正处在重大决断中，他的思想在选择和不选择之间徘徊不定，就像对弈中常见的举棋不定一样，只不过此时的行为人是将举棋的手转换形式，改为托下巴了。

这种手臂动作也经常出现在谈判或者商务合作的场所中。如果我们在商务谈判时，观察到行为人在我方提出谈判条件或者合作条件之后，做出了这种折手臂的动作，那么就意味着，我方所提出的条件已经触及到了对方的心理底线，这个动作表示对方正在认真考虑是否接受我们提出的条件，与我们达成合作。在这个时候，我方一定要有耐心，给对方充分思考的时间，在对方做出明确的决定之后再进行下一步的交涉。

（6）手插口袋

生活中还有一种手臂动作比较常见——行为人将自己的手插进口袋或者将手拢起来，这个动作也属于约束性的手势动作。当人们面对一些不想参与又不便离开的事情时，就会下意识地做出这种动作，来表示自己置身事外的态度。做出这种动作的行为人是在向对方含蓄地表示，自己只是一个驻足观看的过客，并不想招惹麻烦。因此，求助人也不会第一时间请求有这种动作的人来帮助自己。当然，我们首先要排除行为人并不是因为天冷而做出这样的手势动作的。

生活中还有一些其他类型的手臂动作，比如，人们在接受批评或者诚心改过的时候都会将自己的双臂垂贴在身体两侧，并且伴有低头的动作，以此来表示愧疚和惭愧；行为人在交谈中举起手臂敲击太阳穴或者头顶，表示他在思考；行为人在走路的时候架着手臂，表示他内心中自视甚高，等等。

5. 脚部运动不会说谎

　　腿，是指人和动物用来支撑身体和行走的部分，它由大腿、小腿组成。在汉语中还意指一些像腿一样起到支撑作用的事物，比如桌腿、椅腿等。脚，是指人肢体最下端接触地面的部分，是人体最重要的负重器官和运动器官。在汉语语境中，脚还可以意指一些非生命物体的最下端，比如，山脚、脚注等。腿和脚共同组成了人体的下肢，使人们具备了运动、负重、跑跳等能力，它们和手臂、手一样，是人体最重要的、最不可或缺的部分之一。

　　科学家证明，早在人类进化的初期，在人们尚没有发展出语言的时候，腿脚就已经可以快速应对外界的威胁了。这种以保护人类生存为根本目的的腿脚动作，直接受到边缘系统大脑的指挥，而不受人体主观思维的把控。不仅如此，在肢体动作中，所有和腿脚有关的动作都会优先被人们的潜意识所收集、固化到人类的大脑中，以便应对一些突发状况。所以，每当刺激信息引起了人类边缘系统的注意时，人类的腿脚就会自动做出相应的反应。即便是在现在，人们在遇到一些威胁自己的安全或者不被自己认同的事情时，还是会下意识地做出原始的腿脚动作反应，根据边缘系统对刺激信息的分析结果，腿脚会恰当地选择冻结、逃离或者备战等与之相对的行为反应。

人们的腿脚动作不仅具备原始意义，还能第一时间反映出人们内心的情绪变化，在无形中传递出人们的思维和感情。在现实生活中，人们在观察他人的时候，视线总是优先集中于对方的上半身，而基本上不会注意到下半身，这也就意味着，人类在不自觉中已经忽视了他人的腿脚动作。正因为如此，人类的上半身动作才开始不断地接受社会文化和传统习俗的影响。因此在交际中，人们更为重视自己的或者对方的面部表情，而且还会有意识地锻炼着控制自己的面部表情或者其他肢体动作，这在无形中加大了人们辨别他人情绪的难度。不过，也正是因为上述原因，人们才在无意中忽视了人类腿脚的动作变化，恰恰是这种忽视，使得人们忘记了伪装或者掩饰腿脚动作。这也就意味着，腿脚的动作更原始，我们可以通过观察他人腿脚动作的变化，准确捕捉到对方的心理情绪。

（1）脚部动作的忽然改变

当人们的腿部出现颤动时，脚的表现会更为激烈，很多时候会出现抖动，甚至踢动的动作。因为处于腿部的末端，脚会在无形之中将腿的动作放大。观察脚部一次抖动的起始点和终止点，可以让我们了解对方的情绪变化。

在一次审问之中，一位被询问经济问题的高级官员不断地抖动自己的双脚，双手也总是紧张地互相搓动。这种行为在此时并不具备很大的意义，它只是官员因感受到压力而出现的自然反应，代表着一种安慰倾向，通过抖动和抚摩来获得镇定。但是，当审问人员忽然问到一个款项的来源时，这位官员原本轻轻抖动的脚忽然出现了踢动，这种幅度的改变在瞬间完成，并且又很快地完全停止，它引起了审讯人员的注意。

虽然脚的踢动并不能说明这位官员在说谎，但至少说明在这一时刻，某些信息让他的大脑受到了很大的刺激，以至于让他的脚产生了强烈的反应，而且大脑对于这些信息表现出明显的反感情绪。这都是造成脚部忽然踢动的原因。

脚部行为的忽然改变往往说明一个人接收了一些负面的信息。当轻轻摇晃的脚开始踢动时，人们总是处于无意识的状态之下，因为他的大脑正急着处理某些信息，根本无暇顾及脚的变化。因此，这种行为被认定是自觉的，而且是潜意识的强烈反应。常规状态之下脚的摇动是身体的正常表达，而那些忽然出现的变化则是脚对我们大脑的出卖和背叛，它不再处于被抑制的状态，所以反而显得更为真实、可信。

（2）脚部的冻结

在处于负面情绪的压力之中时，人们总是希望通过一些小动作来抚慰自己，让自己变得镇定。脚部的摆动有时可以起到这个作用，处于运动状态下的脚让大脑获得一定的安慰。而如果负面情绪不断升级，大脑也许会使脚部摆动幅度加大。但如果在某一个瞬间，脚忽然出现冻结，不再做出任何动作，而是迅速地静止或回到地面，则说明大脑所承受的压力瞬间增加到了一个快要无法承受的程度。

情绪的波动是因为人脑感受到了压力，当这种压力来自于负面信息时，脚的反应总是更为直接。让脚处于运动状态是人类的本能，这样人体可以迅速移动，逃离危险或自己不喜欢的环境。而让这种本能停止的原因，必然是大脑受到了更为巨大的刺激，也许是谈话内容对他产生了刺痛，也许是某一些问题正好说中了他一直想要隐瞒的事情。

让处于运动状态之下的脚忽然静止，是大脑控制反应的一种极端表现。在面对危险的时候，冻结反应可以表达人们想要逃离的强烈愿望或者强烈的反感情绪，忽然的静止有时是因为人们在潜意识中不希望引起别人的注意。当脚出现了忽然的静止，也许正是因为他担心被别人发现的某些事情正在慢慢地露出真容。

（3）脚踝互锁

在炎热的夏季，女性总是喜欢穿上各色短裙，获得凉爽的同时也享受美丽。但观察穿着短裙的女性，当她们坐下来的时候，时常会将脚趾转向内侧，或者将双脚互锁。这种脚部动作的出现，说明她们感到不安全或焦虑，当人们受到威胁的时候，也容易出现类似的行为。观察那些受到审讯的嫌疑人可以发现，当他们接受询问的时候，也常常会将脚踝互锁，这说明此时的他们正处于巨大的压力之中。

将脚踝互锁，让脚部处于一种被保护的状态之中，表达了人的内心那种希望获得安全感的期盼。当大脑感到受到威胁时，这种反应是正常的，但如果这种动作持续过久，尤其在男性身上不断出现，就应该引起观察者的注意。

观察那些接受审讯的嫌疑人，会发现他们非常喜欢做出脚踝互锁的动作，这个脚部的动作本身并不能说明什么，但说谎的人在做这个动作的时候会有特别的表现，他们会将双脚用脚踝互相锁住，并保持长时间的不动。这种坚持不能说明他们有毅力，而是他们试图通过限制自己的动作来回避别人的关注。

对说谎者的长期观察表明，当人们说谎的时候，会有意限制自己的肢体动作。不管是手臂还是腿部，让它们好像凝固了一样保持不动，几乎可以算是所有说谎者的通病了。

如果一个人本身不喜欢晃动自己的脚，那表示此人是一个非常自制的人，或者他的生活习惯并不会在这方面显示；而一个习惯于晃脚的人出现脚踝的互锁动作，则说明他想要通过这种方式来让自己感到安全。

（4）腿脚交叉

一个人如果做出腿脚交叉的动作，就表示他正处在舒适的环境或者情境中。在现实生活中，人们独处的时候通常都会做出双腿交叉的动作，比如独自在家或者独自在电梯中的时候，人们都可能会将双腿交叉。这是因为在这种环境中，人们是比较自在的。但是，一旦家里有客人来或者电梯里面进入了其他人，一般情况下行为人会本能地将交叉的双腿变为正常站立的姿态。导致这一变化的原因是，人们并不能判断出这些外来因素是否安全或有无负面刺激。此时，边缘系统会下意识地把我们的双脚钉在地上，以便于充分应对未知的状况。在交际环境中，如果我们看到交谈双方的双腿都做出了交叉动作，那就说明，他们之间的交流是令人愉快的；而如果行为人在与他人交流的一开始就做出了这一动作，则表明行为人是非常自信的，他对接下来的交谈成果非常有把握。

（5）腿脚的反重力动作

FBI 发现，腿脚的反重力动作往往也有着特殊含义。在生理研究实验中发现，人们在情绪高涨的时候，腿脚会做出向上运动的反重力性动作，比如，人们在高兴的时候会跳起来、会奔跑等。而在生活中，腿脚会将这种反重力动作细微化，比如在交谈中，如果我们发现行为人的双脚做出了离地动作或者将脚尖离地、脚跟离地，都表示行为人当前正被积极情绪所主导。这种动作在女性身上表现得尤为明显，当一位女士在打电话的时候做出脚尖向上挑的动作，那么就意味着，她在电话里交谈的内容一定是属于积极层面的。

（6）双脚叉开

双脚叉开的动作往往代表着强势。在腿部动作中，无论是坐姿还是站姿，只要行为人做出了双腿岔开的动作，那就意味着行为人的态度是强势的。这种双腿叉开的姿势不仅显得人们更加稳重，还向对方传递出自己会以强硬的态度来处理这个问题的信号。如果在生活中我们观察到行为人随着话题的深入，将本来并在一起的双腿变为叉开，那就意味着，我们当前所交流的内容是让对方感到反感，行为人正变得越来越不高兴。

6. 不容忽视的躯干动作

躯干，泛指人的身体，特指人体除去头、颈、四肢以外的其他躯体部分。大多数的心理学书籍，都很少会提到人体躯干动作的意义和作用，这显然是不正确的。对于微表情来说，仅仅明白四肢和头颈的动作含义是远远不够的，这会导致我们不能全面完整地看待和分析问题。最重要的是，FBI 认为，人类在观察他人的时候会像忽视腿部动作一样，忽视他人的躯干动作，也就是说，人体躯干动作的变化可以最大限度地反映出行为人的情绪变化。

不仅如此，人体躯干还承载着众多维持人体正常运转的器官，五脏六腑主要集中在胸腔和腹部，这些脆弱的身体器官也是需要人类优先保护的对象。所以，每当这些部位面临负面刺激或者危险的时候，人类大脑就会马上调集其他肢体前来护卫。因此，这些由人类边缘系统操控的肢体动作，实际上真实地反映出了人类内心中的情绪变化。

心理学中有一个定义叫腹侧否决，是指当人们对所处环境感到不适或者对当前所讨论的话题不感兴趣，以及谈话双方之间的关系发生变化或感觉事情不妙的时候，就会做出腹侧否决的动作。此时，行为人会主动做出远离对方的姿势或者干脆直接转身离开。反之，如果我们发现了令自己喜爱的或是感兴趣的事情时，就会将自己的腹侧向该事物倾斜，这种现象被称为腹侧展示（这里的腹侧是指身体前侧，聚集着眼、嘴、胸、生殖器等器官）。可以说，腹侧是人体最脆弱的部位，该部位会受到大脑的优先保护，比如，在狭窄的人行道上，如果有人迎面走来，我们就会在对方靠近的时候下意识地微微侧转身体；在恋爱场景中，恋爱中的男女在相处中所做出的腹侧否决动作越多，就表示他们之间的感情问题越复杂、越难缓和。

腹侧否决和躯干倾斜的动作，是不受距离因素约束的。比如，当人们远远地看见或者听见某种让自己反感的事情时，也会下意识地做出这种动作；再比如，在会议或者讨论中，如果双方的意见彼此不同，那么，即使他们彼此距离很远，也会因为意见不同而下意识地做出躯干倾斜远离对方的动作。

腹侧展示是和腹侧否决意向相反的动作，有的书籍中也将这种动作称为腹侧前置。这种动作是指，当我们在面对自己喜欢的人或者事物的时候，通常会将自己的腹侧展示给对方。比如，在孩子跑向我们索要拥抱的时候，行为人会下意识地将阻挡在孩子面前的事物全部移开，然后将自己的手臂展开，把腹侧展示给对方，好像只有这样拥抱对方，才可以给予对方最恰当的热情一样。

在日常生活中，当人们在意见相同时，会不由自主地把自己的躯干向对方倾斜，并慢慢拉近与对方的距离；而如果双方意见相反，就不会出现这样的动作。但值得我们注意的是，有时候，有的人也会出于紧张而下意识地与他人保持距离，但他不会做出腹侧否决或者躯干倾斜的动作。

除了腹侧展示和腹侧否决，我们还经常见到以下几种躯干动作：

（1）借用物体构筑防御

人们在不能远离自己讨厌的人或者事情的时候，会使用手臂或者借用其他事物在自己与负面刺激之间构筑起防御。比如，在谈判场所中，一旦当前所谈的条件或者利益不符合或是损害了行为人的利益，让他感到不舒服，那么行为人就会做出扣衣服扣子或者正领带的动作，以此来表示自己想要离开以及对对方不满的意思。在生活中，人们还会借用抱枕来构筑屏障，很多女性在看恐怖片的时候都会拿一个抱枕，每当恐怖的声音或者场景出现的时候，就会紧紧地抓住抱枕或者用它遮挡住自己的视线，以此来发泄自己内心中所产生的恐惧情绪，并试图通过这样的动作来保护自己。

女性的躯干保护性动作比男性的更有代表意义。在现实生活中，每当女性在感到不舒适、紧张、不安的时候，她们通常会做出两种动作：第一，用自己的一只手臂抓住另外一只手臂，在身前构筑壁垒；第二，将双手交叠置于胃部或者腹部，以此来使自己更舒服一些。生理研究显示，女性这样做的原因是，当人情绪波动的时候，血液会优先供给到大脑和四肢的肌肉中，情绪波动剧烈的情况下甚至还会造成体表失温。因此，此时供给到胃部的血液就明显低于正常供给量，而缺少足够的血液输送养分，胃部自然会有不适，如果此时是在餐桌上，这种感觉还会加重。

（2）弯腰

生活中较为常见的躯干动作还有弯腰。在现在的国际文化中，弯腰这个动作的基本含义是一致的，通常都表示谦卑、谦虚、尊敬、谦逊等意思。在我国，弯腰鞠躬的动作一般是行为人表达对他人的尊重之情，但是在有些情况下，弯腰鞠躬或者叩首拜服的动作也有着阿谀奉承的含义。在西方，人们会在看到长者或者令人尊敬的人时，做出向下弯曲躯干致敬的动作。这种弯曲躯干指向他人的动作，从本质上来讲，都是在向对方传递着亲近之意。

（3）伸展躯干

伸展躯干也是生活中较为常见的躯干动作之一。研究发现，伸展性的动作是人们表示舒服的信号，无论所伸展的是身体的哪个肢体部位，都会让人产生很强的舒适感。工作之余人们都会做出伸懒腰的动作，这个动作就是人们寻求舒适的直观体现。但是，有的时候，这种伸展躯干的动作也有着不同的含义，比如，当孩子正在接受家长批评时，四肢随意伸展，还时不时地做出伸懒腰、打哈欠的动作，那就意味着，孩子并不认同父母的批评教育，他是在以这种肢体形式来对父母的行为表示反抗；在严肃、认真的环境中，行为人做出伸展肢体的动作，往往意味着对主持该场景人的不尊敬，是蔑视他人权威的行为。因此，在严肃的环境下做出伸展躯干的动作是不会被人容忍的，也不值得我们学习。

（4）挺起胸膛

挺起胸膛的动作也是生活中较为常见的躯干动作之一。这种动作的出现往往意味着人们想要展示自己的实力，增强自己的气势，让自己在他人眼中显得更加高大、威猛。人们在争吵和发怒的时候，都会做出这样挺胸抬头、怒目而视的动作，虽然在旁观者看来，这样的动作可能有些滑稽可笑，但是这种动作也是行为人展示实力和态度的最佳方法。有的时候，做出这种动作，甚至还可以起到不战而胜的效果。

（5）露出部分身体躯干

露出部分身体躯干的动作，在有些生活场景中也有着特殊的意义。在正常生活中，这种将衣服扣子打开或者直接脱掉上衣的行为，可能意味着行为人想要使自己处在比较舒适的环境中；但是，如果这种动作出现在行为人与他人争执的时候，那么就意味着：行为人是在战斗前放松肌肉，或者不想被接下来发生的打斗弄脏了身上的衣服，也有可能是为了让自己在战斗中占据优势。不管怎样，一旦正在争吵的双方做出了诸如挽起衣袖、解开衣领、脱掉上衣等动作的时候，那就意味着：双方间的争吵马上就会升级了。

（6）胸膛的剧烈起伏

胸膛的剧烈起伏，也是生活中较为常见的躯干动作之一。通常情况下，剧烈起伏的胸膛往往意味着剧烈运动和体能透支，身体试图通过快速呼吸氧气，来增加血液中的营养成分。但是，人类在情绪波动剧烈或者承受巨大压力的时候也会出现这样的肢体动作。在现实生活中，如果我们观察到，行为人在没有进行剧烈运动的前提下，突然出现了胸膛剧烈起伏的动作，那么就意味着，当前发生的事情让他的情绪发生了剧烈的变化（比如惊喜、恐惧、愤怒等），或者他正在面临着前所未有的巨大压力。

第六章 察言观色识人心

CHAYAN GUANSE SHI RENXIN

1. 透过音色了解对方

在日常生活中，我们通常会有这样的体会：当一位熟人还没有出现在我们眼前的时候，只要听到对方的声音就能判断出这个人是谁。这其中的道理很简单，每个人的声音都有自己的特点：有的人声音洪亮，有的人声音沙哑，有的人声音尖细，有的人声音粗重，有的人声音清脆……总之，我们能够从一个人说话的声音听出一个人的品德心性、职业爱好、性格特征等。

一个人说话的声音最能体现其心理变化，而人内心的感受也会影响到人说话时的声音，比如声音的语调会反映符合人们内心的变化。除此之外，说话的语速、习惯等，都可以直接反映出人们内心世界的变化。

声音可以反映一个人的情绪变化。心理学家指出，一个人的声音类型与其自身性格有着密切的联系，他们经过分析，将人们的声音大致分为以下几种类型，我们可以由此看出不同的声音类型是怎样传递出人们的性格特征信息的：

（1）说话声音大

这类人性格耿直、明朗爽快、为人正直、待人真诚，充满正义感，好打抱不平，做事光明磊落，想到什么就说什么，很少会拐弯抹角。他们从不说假话，直言快语，常常会因为自己的性格原因得罪不少人。不过，即使他们意识到了这点，也不会因此而改变他们的说话方式，因为这是他们的个性使然。另外，他们具有很强的组织能力，责任心很强，值得信赖，具有一定的领导才能。

（2）说话声音小

这类人性格内敛、缺乏自信、疑心较重、城府很深，而且心胸狭窄，有时甚至可以为一些微不足道的小事与他人争吵，所以他们的交际能力很差。另外，这类人很有心计，做事前会精确谋划，只要是他认准的事情，就会通过各种途径达到目的，甚至可以不择手段。他们的自我意识很强，重视个人利益，他们从不轻易相信别人，更不会流露出真心，他们大多都很势利，因此人缘不佳、成就不大。

（3）讲话声音突然变得很小

这类人性格内向、心态欠佳，心理承受能力很差，自我情绪调控能力较弱，所以他们受心情起伏的影响很大，一旦遇到不愉快的事情，情绪就会马上受到影响，这也是一种缺乏自信的表现。他们的适应能力很弱，应变能力也很差，所以他们在成长过程中形成了很强的自我保护意识，如果在谈到某个话题时，觉得自己没有能力办到，这时他们说话的声音就会突然变小，以此来掩盖自己的缺点。

（4）讲话声音突然变得很大

这类人性格内敛、头脑灵活、思维敏捷、善于思考，为人处事都很有耐心，无论对方说什么话，他们都会认真仔细地听，而且会一边听一边思考。如果在交谈中遇到了自己不懂的问题，他们就会随时提出疑问，此时他们说话的声音就会突然变得很大，同时也表明他们对这个问题仍有很大的把握，这类人在工作中能够认真负责、恪尽职守。

（5）根据对象改变声音

这类人非常圆滑，深谙为人处世之道，属于八面玲珑的人。他们有很强的耐力和适应能力，能够在很短的时间内把握陌生环境的特点，并能根据具体情况随机应变，与人交际的能力很强。但是，这类人的性格中还存有自卑感和攻击性，他们不会主动侵犯别人的利益，但也不允许别人侵犯他们的利益。

（6）说话低声细气

这种人性格内向，为人处世比较沉稳，谨言慎行，警惕性很强，不会轻易地相信别人，所以他们常常会有意或无意地与他人保持一定的距离，从不轻易透露自己的深层想法，这也是他们缺乏安全感的表现。另外，他们大多比较腼腆，对自己缺乏信心，处事优柔寡断，常常拿不定主意。不过，他们对人还算宽容，从不为难他人，也不会斤斤计较，会尽量避免麻烦事的发生。

（7）声音沙哑低沉

沙哑的声音不管是男性还是女性，通常都是非常有个性的。

说话声音沙哑的女性外表看起来显得温柔贤淑，但是她们有着坚强的性格，这类女性在艺术方面很有天赋，对色彩极其敏感，因为异性缘非常好，所以常常受到同性的排挤。她们善于伪装自己真实的情感，即使遇到了自己喜欢的事物，也会装出不喜欢的样子。在面对这种类型的女性时，不要试图灌输给对方自己的思想观念，否则会让她们对你产生浅薄无知的印象。而声音沙哑的男性常常富有冒险精神，由于他们有足够的耐力，即使遇到很难完成的事情，他们也会干劲十足地往前冲。

（8）声音娇滴滴

说话嗲声嗲气的人，往往性格温和、非常含蓄、为人谦和、待人和善，这种声音多出现在女性身上。女性之所以发出这种声音，是为了能够得到对方的喜爱，希望能够吸引异性来保护她。如果有男士发出这样的声音，那么就会显得该男性非常女性化，缺乏阳刚之气，性格较为内敛且优柔寡断。

（9）说话时声音高亢

当人的情绪处在激动状态的时候，声调就会向上提升一个档次，发出高亢或者尖锐的声音，非常刺耳。发出这种声音的人一般是对眼前的境况或者是对目前的生活状况感到不满意，而习惯发出这种音调的人，情绪常常起伏不定。这种人在工作中非常自我，习惯将自己的思想或者想法灌输给别人。此类型的人在思想上很固执，一旦下定决心做某一件事情，往往会不惜一切代价去完成，也常会因为自己的固执，让自己摔得遍体鳞伤。性格多变的他们会因为一点小事情就大动干戈，好与人争辩，说起话来滔滔不绝。

（10）温和沉稳的声音

这种声调过于微弱，所以此类型的人在性格方面是较为内向的，他们会随时根据周围的环境来压抑自己的情绪，但是在内心中又想将自己的情感发泄出来，这类人在大多数情况下有着选择恐惧症。

有这种声音特征的女性，具有慢条斯理的个性，她们富有同情心，对于受困者绝不会袖手旁观，平常也是乐于助人，此类型的女人有很强的耐心，她们做事的目标明确，会按部就班地朝着自己的目标前进；如果是男性带有温和沉稳的声音特征，则具有双重性格，除了忠厚老实的一面之外，也有极其顽固的一面，这类人不会趋炎附势地讨好别人，更不会因为外界的舆论而改变自己的意见。

2. 急与缓之间的语速秘密

心理学家指出，人与人之间的交流方式与动物有着类似之处，动物通过嘶叫进行思想上的交流，从微观角度上分析，人际交流的本身就是思想的碰撞或者融合。心理学家将交流定义为情感、心理以及态度的一种流露和表达方式。由此可见，观察一个人说话语速的快慢，也能够看出一个人的性格特点以及他心中所隐藏的真实情感。

在面对自己喜欢许久的异性时，我们可能会出现类似的经历：说话结结巴巴，词不达意，好不容易说完一句完整的话，可是自己都没弄懂其中的意思是什么，在对方面前窘态百出。人们在遇到自己非常在意的事情时，就会不自觉地紧张起来，导致大脑在很长一段时间内处于"空白期"，而人们为了能够给对方留下好的印象，就会试图表现出自己最好的一面。当两者结合在一起时，就会出现身体不协调的情况，在这种情况下，人们说话会变得慢吞吞的、不知所云。

有些人天生说话语速比较慢，性格也比较内向，这种人就算遇到了类似天都要塌下来的急事儿，他们也能够做到不急不慢；而与之相反的就是说话语速快的人，这类人通常是急性子，做事通常表现得毛毛躁躁。所以，观察对方的语言特征，如语速的快慢、声调的高低、音量的大小以及口语习惯等，都可以直接判断出这个人的性格特征以及心理变化。

（1）语速快

这类人说话的特点就是一个字——快。这种人在说话的时候，总是一句接一句地说，一般是一口气说到底，就像打机关枪一样，其他人只有听而没有说的份儿。这种人性格比较外向，属于急性子的人，通常想到什么就说什么，习惯一口气说到底，不懂得保留。语速快的人大多性格比较外向，头脑灵活、思维敏捷，做事干脆利落、简洁果断，从不喜欢拖沓，应变能力也很强，他们的口才很好，能说会道，而且对于社会交际很有一套，懂得见什么人说什么话，并能做到游刃有余。由于他们心直口快，因此心中往往藏不住秘密，而且他们即使有较好的控制能力，情绪依旧会起伏不定，脾气也异常暴躁，容易生气、发脾气，也可能会一意孤行，以致影响到事情发展的结果。他们有很好的观察力和分析力，对不熟悉的人和事总能很快地知悉其本质，并能根据具体情况而做出抉择，所以总能轻而易举地达到自己的目的。

此外，如果一个人遇到了紧急事情或者心情十分急躁的时候，他的语速也会变得比平时快。

（2）语速平缓

说话平缓、慢条斯理的人，多半属于慢性子的人，不仅说话不紧不慢，做事也是慢慢腾腾的，迟迟不肯付诸行动，所以常会失去大好机会。这类人对自己比较有自信，相信自己能够掌握谈话重点，想造成"不鸣则已，一鸣惊人"的印象。这种人说话的语速相对缓慢，哪怕遇到再着急的事情，他也是不紧不慢地将一段话说完，而且从他的语气中听不到一丝焦急的情绪。此类型的人为人和善、知书达理，而且极富爱心和同情心，喜欢帮助那些需要帮助的人，从不吝啬。他们宽厚而仁慈，能够设身处地地为别人着想，懂得关心和体谅他人；做事讲究原则，面对任何事情都有独到的见解，对人对事从来都不会人云亦云。但是，这类人的思想一般比较保守，缺乏创新精神，他们在思想上对新生事物有一定的排斥感，虽然做事原则性很强，但也从侧面反映出此类人思维不够敏捷，应变能力不佳的特点。

还有一种语速极慢的人。这种人说话语速非常缓慢，吞吞吐吐，甚至一度让人觉得他的舌头有打结的趋势。一般如此说话的人，心中都非常紧张或者缺乏自信，为人有点木讷，不擅长与他人交往。

此外，如果一个人太过紧张和恐慌时，语速往往也会变慢，有时还会伴有言辞不连贯、表述不清的情况发生。

（3）语速突然转变

每个人在说话时语速都不是一成不变的，语速的变化代表着心理状态的改变，尤其当人们遭遇大喜大悲之事的时候，说话的语速更值得注意。心理学家指出，每个人的情绪表现或者思想的流露，很大程度上都体现在说话的语速之中，所以，一个人说话语速快慢的转变也值得人们注意。从那些与平常相反的语速中，我们可以窥见其心理情绪上的变化。

例如，在极度紧张的情况下，有些人说话的语速就会变慢；在遇到兴奋快乐的事情时，人们说话的语速就有可能变快；而当人们遭遇悲伤之事时，语速就会变得极其缓慢，说话也断断续续。

如果在平时生活中看起来沉默寡言的人，说话的语速突然变快并且滔滔不绝，一直说个不停，这或许是极大的心理压力造成的。这种情况也可以在电视剧中看到，那些准备与丈夫离婚的人，在自己闺密面前倾诉时就是这种表现。心理专家认为，性格内向的人要么不说话，要么就是说个不停，由于长期的内心压抑积累在了一起，当他们找到合适的倾诉对象时，就会将自己心中的压抑全部释放出来，这种行为可以称作自我安慰行为。

假如一个人平时说话语速很快，说起话来就如机关枪一样，但是提到某件事情或者某个人时，他的语速突然变得缓慢起来，如果只是变慢而没有结结巴巴、词不达意的情况，则表明此人心中可能在为自己的利益进行盘算，这是思考的前兆；假如在语速变缓慢的同时又出现支支吾吾、语句表述不完整的情况，则很可能是被对方抓住了把柄，是心慌意乱、手足无措的表现。

当演讲者突然之间放慢语速，通常情况下是在铺垫情感，希望聆听者可以和他产生思想上的共鸣。当然，这种情况在法庭辩护中也是最为常见的，律师在用此方法为他人进行辩护时，不仅可以增加自己的信心，还能打击对方律师的信心。通常主动将自己的语速变慢的人，说明他是在强调自己的观点，希望对方能够听懂自己的意思。

当然，在一些特殊的场合中，例如老师在课堂上语速的变化，只是起到提醒的作用，类似这种语速的快慢变化有着特殊的含义，要区别开来，不能一概而论。

人在说话的同时也是心理、感情和态度的流露，语速就是其中一个表现。有的人说话语速较快，有的人语速较慢；有的人说话语速较急，有的人语速会比较平缓，而这些现象都能直接体现出说话者最真实的心理状态。

3.从语气变化中观察对方

一个人说话的态度，可以从某些方面反映出此人的修养和个性。如果你仔细观察，就会发现一个人在不同的场合下与人交谈时会采用不同的语气，从识人的角度来看，一个人的语气往往与他的性情有很大的关系。

FBI探员通过语言读心术破获过不少重大案件，他们根据多年的实践经验积累得出了这样一个结论：一个人说话的态度，可以从某些方面反映出此人的修养和个性。在与人交流的过程中，细心留意对方说话时的语态就可以观察出他的性格。

FBI曾经侦破过一起离奇的杀人案件。FBI特工在深夜接到了一个报案电话，死者是一个名叫玛丽的模特，报案人是死者的丈夫。不过早在三个月前，玛丽和她的丈夫因为性格不合就已经离婚了，他们俩离婚之后，一直独自生活，并没有任何来往。但是就在案发的前几天，玛丽因为长时间工作，导致在一次拍摄广告的过程中突然发热，由于没有及时得到治疗，病情越拖越严重。而当地私人诊所的医生又不能出诊，在没办法的情况下，玛丽只好打电话给已经离婚的前夫，请他来帮忙。

玛丽的前夫是当地小有名气的医生，在他看过玛丽的病情之后，给她打了一针退热针，并且开了一副处方药，然后就离开了。到了第二天晚上，玛丽的前夫准备打个电话，问问玛丽的病情是否好转，打了几次电话都无人接听后，他担心玛丽会出事，于是马不停蹄地赶到玛丽家中，当他打开门之后，却发现玛丽已经死在了家中。

FBI特工接到报警电话后迅速赶到了现场，并对现场进行了勘察。在对玛丽的尸体进行解剖时，法医从玛丽的胃中发现了还未完全消化的饼干，经过化验发现玛丽胃部残留的饼干中含有一种叫作氰酸钾的有毒物质。

FBI在调查取证的过程中发现，只有死者的前夫在案发的前一天晚上接触过死者，虽然死者是他发现的，但是FBI并没有因此而打消对他的怀疑，因此，被害人的前夫以故意杀人的罪名被逮捕。

可是，死者的前夫一直坚持说自己是无辜的，他说自己只是出于好心才来帮她的，并没有加害于她。在审讯的过程中，他多次用诚恳的语气请求FBI重新进行调查，为此，FBI再一次对案件进行了调查取证。细心的探员保罗在调查中发现，玛丽的哥哥在听到死者前夫被逮捕的消息之后，脸上并没有出现很意外的表情，只是用很刻薄的语气说玛丽的前夫死定了，而且还隐隐约约地念叨着氰酸钾。保罗觉得很奇怪，因为警方并没有对外宣布玛丽真正的死亡原因，而他是怎么知道玛丽是死于氰酸钾中毒的呢？

后来，保罗发现玛丽胃中的饼干是玛丽的哥哥一个星期前送给玛丽的，而那个时候，他们兄妹之间正为父亲的遗产分割闹得不可开交，并且在玛丽哥哥的屋中也找到了氰酸钾的残留物质，经化验判断其成分与玛丽胃中残留的饼干中的成分一模一样。

原来那天晚上玛丽的哥哥看到她的前夫走了之后，就悄悄地溜进了玛丽的房间中，由于玛丽当时发着高热、意识模糊，没察觉到有人进了自己的房间。于是，他将含有氰酸钾的毒液注射到了饼干上，到了第二天，玛丽中毒身亡后，他将剩下的饼干全部处理掉以毁灭证据。他以为自己做得天衣无缝，可是却将饼干的包装袋遗忘了，最终法网恢恢，疏而不漏。

在上述案件中，FBI 特工正是根据对方说话的语气异常发现了蛛丝马迹，最终找到了真正的罪犯。

心理专家对人说话的语气做出了以下几种分类：

（1）语气尖酸刻薄

说话尖酸刻薄的人，性格大多非常挑剔。这类人嫉妒心比较强，常常是非不分、黑白颠倒，只要看到别人比自己过得好就会恶语相向、肆意污蔑。此类型的人在与人交往中也不懂得尊重他人，所以他们时常会遭到别人的厌恶。

（2）语气温和沉稳

这类人性格沉稳、为人稳重，做事慢条斯理、按部就班、认真负责，具有长者风度。他们一般有着很强的责任心和耐心，一旦确立目标，就会为之努力奋斗，并会坚持到底，不达目的绝不罢休。

他们考虑问题比较深刻，喜好深入研究，渴望得到明确的答案。这类人原则性很强，待人随和有礼，属于慢热型的人。虽然初次见面可能令人有种难以接近的感觉，但他们往往是周围人群中最可靠、最值得信赖的那类人，因为他们重情重义、富有爱心，能够在朋友处于低谷时挺身而出，会尽自己最大的努力给予帮助，甚至可以为他人做出一些牺牲，所以他们很受人尊敬。

（3）语气刚毅坚强

这类人个性刚强，为人处事有很强的原则性，而且他们大多富有正义感，胸怀坦荡，做事光明磊落，是非善恶分明。他们对自己要求很严格，常会以身作则，有较强的组织性、纪律性，具有一定的领导才能，能得到绝大多数人的拥护和尊重。

他们个性耿直、感情内敛、不善变通，有时会显得很古板、很顽固，不但对自己要求很高，而且常会对他人很严厉，甚至很苛刻，从来不给人商量的余地，所以他们很容易得罪别人。

（4）语气凝重深沉

这类人性格耿直爽朗、成熟稳重，为人处事都很沉稳，属于理智型的人。

他们大多人阅历丰富、知识渊博，富有很强的责任心和耐心，对世道人心的把握很熟练。但由于他们的性情太过耿直，有一说一，不够圆滑，不懂得随机应变，所以他们在事业上不是很得志。

（5）语气圆通和缓

这类人性格外向，性情开朗，为人豁达，心地善良，待人热情、真诚，很容易与别人建立友好和谐的关系。

他们大多具有同情心和包容心，常会设身处地地为对方着想，很善解人意。在交际方面，他们懂得对不同性格的人采用不同的态度，能够做到八面玲珑。

（6）语气浮躁急切

人之所以在言语中会表现出浮躁的一面，是因为说话人的内心也极其浮躁。这类人个性比较急切，不喜欢拖泥带水，做事不是很顾及；但是他们往往脾气暴躁，很容易动怒，不会给人留有情面，而且做事鲁莽，不懂得三思而后行。这类人在工作上总是急于求成，因此常常出错，很难成大器。他们缺乏耐性，在面对失败和挫折时，容易选择逃避。

另外，说话语气平稳的人大多性格比较正直，待人诚恳，人缘较佳；说话语气、音调、音色变化频繁的人大多性格较外向，但他们做事轻率，为人比较任性、没有责任心、自私自利、比较自我；说话语气很冲、语调铿锵有力，这样的人大多是急性子，做事武断，态度蛮横霸道。

4. 不同的语言风格代表不同的情绪

口头语言作为人类的第二种表情，同面部表情一样，可以透露一个人的心理秘密，比如性格、兴趣以及对他人的感觉。言谈话语是了解一个人的重要途径，我们不仅可以根据对方的话题内容或是谈话方式洞察对方的心理，而且还可以通过分析判断一个人的语言风格去洞察他的内心世界。

每个人的语言风格都是不同的，比如，有的人说话喜欢在表达中加入许多修辞，试图丰富自己的语言；有的人则喜欢省略各种毫无意义的字眼，简单明了地表达自己的中心思想，以便达到快速有效交流的目的。在日常生活中，如果要想了解对方的性格和内心动态，最容易着手的办法，就是观察他的语言风格和说话者的相关情况，我们可以从他说话的方式中了解其性格、秉性。

小布什在竞选美国总统时，曾在一次新闻发布会上说到他会在连任期间改掉自己"牛仔式"的说话方式，并且在以后会更多地使用外交辞令。在新闻发布会上，小布什还为自己以前的说话方式给美国形象造成的损害道歉。这种"牛仔式"的说话方式就是小布什性格的体现，要改掉不是一朝一夕的事。

俗话说：言为心声，即心中的想法会在言语中表露出来，一个人的说话方式可以从侧面反映其为人处世的态度以及生活理念。那么，说话方式指的又是什么呢？曾经有位先哲将文章中的标点符号比作人的说话方式，他认为语言在很多时候都是通过不同类型的符号拼接在一起的，这其中包括了人说话的语音、所做的手势等。所以，一个人习惯运用什么类型的语言符号，就能够看出他说话的风格以及性格特征。

说话的方式有很多种，而且每个人的说话方式都不一样，有的人喜欢简单明了，有的人却喜欢拖泥带水，有的人说话幽默风趣，而有的人聊天却生硬呆板。FBI认为，每个人在与他人交流沟通时都会有自己一套独特的说话方式，只要能够看懂话语背后的心理变化，就能洞察其内心秘密。

在这里，我们向读者列举了几种语言风格背后所体现人物的性格特征，大家可以根据自己所观察到的，随时改变社交策略：

（1）直爽简明的语言风格

这类人性格豪爽大方，做事果断利索，显得十分老练。此类人在处理事情上不会拖拖拉拉，即使遇到棘手的问题，也能够快刀斩乱麻；这类人一般较为坦诚，说话不会拐弯抹角，与这样的人相处会很放心，因为他们够坦诚，值得信任，也比较容易沟通；这类人很讲信用，是值得别人信任的人，只要是答应的事情，他们都会想尽办法实现，就算做不到，也会尽早告诉对方，让对方做好心理准备。具有这样语言风格的人常常是精神饱满、心无杂念的，他们做事积极热情，对朋友仗义豪爽。不过，由于他们有时说话太直接、太真实，往往会忽略别人的感受，有时候难免会伤人自尊心、令人尴尬。

（2）婉转含蓄的语言风格

这样的人说话时很婉转，从不会采取直来直去的表达方式，生怕自己的言辞不够妥当。所以说，具有这种语言风格的人是属于感情细腻、敏感多疑的类型。他们的性格沉稳、思维缜密，说话前会不断权衡，懂得怎样拿捏分寸。不过，他们有时也会因为言辞过于隐讳，给人一种不真实、不坦率的感觉。这种人的内心世界很强大，也很复杂，他们的心事比较重，既想让所有人都理解和关注自己，又不愿让别人了解自己内心真正的想法，所以很容易给自己造成较大的压力。

（3）幽默风趣的语言风格

有些语言本身就充满着吸引人的力量，比如那种诙谐、幽默的语言不仅能使人精神愉悦，还能有效地营造和谐的气氛。这种语言风格蕴涵着无穷的智慧，它既有助于提升你的人际关系和社交能力，也能提升你的个人魅力。具有这种语言风格的人大多性格开朗、聪明活跃、积极乐观，与这样的人相处不会有压力。当然，合理有效地运用这种语言风格也要讲究场合、因人而异，能够在恰当的场合，对恰当的人使用合适的语言，才是智慧的表现。

（4）教条呆板的语言风格

保守、谨小慎微、沉稳的人通常都习惯采用此类型的说话方式。这样的人说话往往很严谨，总是一板一眼，从不夸大其词，他们的性格大多比较沉稳、稍显内向，为人较保守，做事循规蹈矩、按部就班。这样的人说话总是恰如其分，该说的就说，不该说的绝对不说。虽然具有这种语言风格的人会让人感觉很踏实、很稳重，但有时候也会因为过分规矩，略显呆板、固执，给人一种不通情达理、不会变通的感觉。

（5）拖泥带水的语言风格

采用这种说话方式的人性格胆小怕事、软弱无能，做事也畏首畏尾、拖泥带水。这种人在与他人进行沟通时，通常表现为废话连篇、啰里啰唆。这类人也不具备太大的责任心，在遇到难以解决的问题时，他们大多数情况下都会选择逃避。此类型说话风格的男士在事业上一事无成，他的爱情也因为其拖泥带水的性格而招人嫌弃；如果是此类型说话风格的女性，会让人产生厌烦之感，令人觉得犹如怨妇一般，不受他人待见。

（6）人云亦云的语言风格

习惯采用这种说话方式的人，非常狡猾，不会轻易发表自己的观点，以免得罪他人，"明哲保身"这一原则贯穿此类人的一生。这类人说话无观点，更没有主见，只会随声附和，即便是有了与他人相反的观点，也不会去反驳对方。而且，此类人还喜欢在背后谈论他人的是非，有一句俗语是对这类人性格最好的诠释："墙头草，随风倒"。

（7）咬文嚼字型的语言风格

鲁迅笔下的孔乙己在与他人说话时经常引经据典，让人啼笑皆非。这类人最典型的特征就是喜欢在讲话的时候引用典故，此类人虽然博学多才，却给人一种矫揉造作之感。

（8）委婉含蓄的语言风格

喜欢这种谈话方式的人心思细腻，考虑事情也稳妥周到，说起话来谨慎小心，通常不会轻易表达出自己内心真实的想法。此类人说话一般旁敲侧击、点到为止，有时会令对方心领神会而不伤感情，有时则令人不知所云而郁闷至极，女性采用此类说话方式的较多。

5. 口头禅透露你的个性

其实，每个人都有自己的语言习惯，这种习惯是在日常生活中逐渐形成的，具有鲜明的个人特色。比如有的人会经常无意识地、高频率地使用一些固定的词语，这就是我们常说的"口头禅"。这些不起眼的口头禅的背后往往隐含着大秘密，对了解他人会有很大的帮助。

口头禅源自人的个性习惯，能够真实地反映说话者的心理和性格，所以我们在与人交流的时候，应该注意观察对方的说话习惯。语言是人类的第二表情，而语言中使用率和重复率较高的口头禅能够在一定程度上揭示出说话者的内心世界。因此，从心理学的角度来讲，口头禅在一定程度上能够反映出一个人的心理状况。

除了能够揭示人的内心世界，口头禅还能反映出一个人的情绪变化。当口头禅已经成为人们说话的一种习惯时，人们就会不知不觉地说出来，而不经意的话语往往最能体现一个人当时的心理变化。此外，人们还可以从一个人的口头语中了解对方的文化素质等。

当人的内心缺失安全感时，会通过口头禅进行弥补。假如对方是一个自卑且爱慕虚荣的人，除了炫耀自己的财富之外，在与他人进行交流的时候，通常也会说些口头禅来掩饰内心的自卑，这就是人们常说的"外强中干"。心理学专家认为，口头禅并非都是无心之言，它与人内心变化的联系是十分密切的。然而，在现实生活中却被人们所忽略或者被人当作一个有趣的笑话，殊不知不同的口头禅也能折射出人物的心理状况及其性格。

在日常生活中，我们总是不知不觉地听到各种各样的口头禅，比如，"随便吧""还有啊""无聊""不可能"，等等。

下面我们就从人们的习惯用语中挑选出了一些最为常见的口头禅，并以此为基础对说话者的个性进行分析。

（1）喜欢说"随便"

有关调查发现，出现频率最高的口头禅是"随便"。心理学家指出，一个习惯说"随便"的人性格比较悲观，这类人的情绪容易起伏不定。在面对无法决定的事情时说随便，其意思就是："这件事我决定不了，你们想怎么处理就怎么处理，不过要是出了纰漏的话，可和我没有关系"。因此，此类人没有责任心，做事不够干脆利索。

（2）喜欢说"说真的""老实说""的确如此"

这样的人性格稍显急躁，在说话的时候总有一种担心对方误解自己的心理，缺乏自信，内心常有不平，情绪不稳定，还会担心被别人误解，外在表现就是使用这些口头禅。他们大多有过被误解或者被怀疑，甚至被背叛的经历，所以即使别人明确地表示已经相信他们的话了，他们还是会一再强调，希望能够得到别人的信任和认可。

（3）喜欢说"果然""所以说"

有的人喜欢在说话时说"果然""所以说"，表面上看他们似乎有一定的总结和判断能力，有先见之明；但实际上反映了一种强调个人主张、自以为是的心态。这样的人表现欲很强，凡事都力求完美，他们的虚荣心也很强，一旦取得了一点小成绩，就会反复炫耀。如果一件事情有了结果，他们往往会拿出自己以前所说过的话来证明自己的聪明和智慧，比如"我早就知道会是这样的结果，果然如此""我对这件事情本来就不看好，所以说……"这些都是他们常说的话。无论在什么场合，他们都希望成为焦点，为此常会表现得自大、自傲、专制，即使有时说得有道理，别人也不愿接受。

这类型的人也有优点，他们大多比较聪明，信心十足，对新鲜事物有一定的敏锐力和洞察力。

（4）喜欢说"另外""还有"

有的人在与人交流的过程中，常在一件事情还没有表述完时，就会在头脑中产生另外一种想法和建议，这时他们就会说"另外""此外""还有"这样的口头语。一般来说，这种人的思维比较敏捷，头脑也很灵活，思想很前卫，富于创新，经常会有一些别出心裁的创意，让人耳目一新。他们对周围的一切都充满好奇心，爱好广泛，喜欢参与各种各样的事情，但他们做事只凭一时的热情，往往不能坚持到底，很难善始善终。

（5）喜欢说"啊""呀""这个""嗯"

这些习惯用语皆属于"官腔"，如果你仔细留意，就会发现喜欢在说话中途停顿的人多半是身居要职，他们在讲话中采用停顿是为了显示自己的领导风范，同时也是为了提示人们对他话语的重视，这就是我们常说的"官腔"。这样的人一般都比较自信，表现欲极强，有很强的决断力、组织力和领导能力。

另外还有一种人在说话时有这些习惯用语，他们的思维和反应能力比较缓慢，对事物的感知力不强，所以他们往往会通过言语上的暂时停顿来给自己争取一点思考的时间。总的来说，这类人个性沉稳，性子较慢，情绪和心态的调节能力较弱。

（6）喜欢说"其实"

这类人的表现欲望大多都很强，在任何场合中都渴望得到别人的关注，所以他们经常用"其实"一词来转移一下话题。这样的人大多比较任性和固执，并且多少还有点自负，不善于听取他人的建议，所以很难取得大的成就。

（7）喜欢说"听说""据说"

对于有这种说话习惯的人，我们需要注意"听说""据说"后面的内容，其实那部分内容很可能是他们自己的想法，而不一定是来自于别人的观点，他们是想运用这样的表述方式给自己所说的话留有余地，以免在出现问题时不好掌控局面。这种人一般处事比较圆滑，为人也很低调，做事不张扬，深明世事，懂得藏拙。

（8）喜欢说"但是""不过"

当一个人在发表了自己的看法后，遭到别人的反对或攻击时，他往往会用"不过"一词作为转折，事实上他还在坚持自己的观点，表达自己的心声，这样的人往往很任性、很执着，也很自我。

另外，"但是""不过"这类词语还有一种委婉的意味，当一个人出于礼貌不便直接拒绝或否定别人的观点和意愿时，就会通过使用这类词语来进行辩解，这也反映了说话者温和有礼的性格特点，他不会强制别人认同自己的意见，实际上他们很有主见，一旦做出了决定就很难改变。

（9）喜欢说"应该""必须""必定会"

经常使用这些词语的人大多自信心十足，而且有着极强的判断力和决断力。他们在说话的时候喜欢用命令式的口吻，目的是让对方尊重和认同自己的观点。喜欢说这些词语的人往往以"家长"的身份来要求别人应该做什么、不应该做什么，他们做事非常理智、冷静，善于规划和筹谋。但是，如果过多使用"应该"这个口头语，则表明说话者的潜意识里隐藏着不自信，对事情的把握性不强，不能很好地判断事情的走向和效果，因此他们才喜欢用"应该"这类表示推测的词语来描述事情。

（10）喜欢说"可能""或许""大概""差不多"

当我们与人交流时，经常会发现一些人习惯性地使用"可能""或许""大概""差不多"等口头语，这是因为他们很少会提出肯定或者否定的意见，而是喜欢用一些很模糊的语言来掩饰自己的不确定心态。一般来讲，这样的人大多比较圆滑，他们不愿意明确地透露自己的真实想法，以免与人起争执。其实，他们在内心是有自己的想法的，只是不想对他人的观点进行评论。这样的人遇事沉着、冷静，待人态度温和可亲，深谙为人处事之道，所以，他们的工作和人际关系都不错。

（11）喜欢说"反正""大不了"

经常说这类话的人大多是悲观主义者，他们对事物的未来发展充满了消极情绪，所以说话时喜欢用否定的语气，与这样的人相处常会感觉很压抑。他们没有自信，自卑感十足，有着自暴自弃的倾向，喜欢从坏的方面去考虑事情，正是由于这种负面情绪的主导，才导致他们难以有所成就，这也使得他们很难体会生活中的乐趣。

（12）喜欢说"想当年……"

这类人一般有着不错的过去和一帆风顺的经历，但现在的境遇往往不佳，这令他们非常不满，所以他们经常在比自己资历浅的人面前大谈特谈自己昔日的丰功伟绩。他们虽然不满现在的境况，但他们缺乏改变现状的能力和魄力，因此习惯性地将自己拖回到幸福的回忆中，以求得心灵上的一丝安慰。在现实生活中，这种人属于不折不扣的失败者，因为他们不敢直面现实的残酷，只是一味地逃避，而且对未来没有憧憬，更没有信心再铸辉煌。

（13）喜欢说"不靠谱"

这个口头禅反映出这类人怀疑一切、事事担心的心理。说这个口头禅的人性格多疑、苛刻，既注重细节，又要求结果，是典型的完美主义者。

（14）喜欢说"凭什么呀"

这个口头禅反映出说话者认为事情本不该这样，但就这样发生了。总之，他们就是看不惯那些与自己意愿相悖的事，所以重复这个口头禅来鸣不平、缓解郁闷。一般来说，喜欢说这个口头禅的人性格正直却很忧愤，对公平和特权十分敏感。

需要提醒的是，根据上述语句来判断某个人的心理或性格时，首先要确定对方确实有一些习惯用语，而且是经常性的。当然，人在谈话中的习惯用语不止以上几种，所以我们还要在人际交往中多观察、多总结、多分析。

口头禅是人们对事物的一种发自内心的看法，在心里对外界信息进行加工，逐渐形成的一种固定的语言反应模式，如果再次出现类似的情形，人们就会不由自主地脱口而出。恰恰是这种比较稳定的语言习惯真实地体现了说话人的心理和个性特点。所以，我们不要忽视这些不起眼的"口头禅"，它的背后往往隐含着大秘密。如果你能领会口头禅背后的潜台词，就会有意想不到的收获。

6. 打招呼显示真实性格

打招呼是我们日常生活中最常见的一种人际交往行为，这种行为可以被认为是友好、开放、接受的态度。如果你碰见一个冷冰冰的人，试想一下，你会有什么样的想法？所以基本上对于成年人而言，打招呼是一个非常普遍的行为，每天都会去做。

不同性格的人打招呼的方式也是不一样的，人们的情绪变化也能够从打招呼的方式上体现出来。所以，通过观察对方打招呼的方式，我们能够洞察人们的心理活动。

见面打招呼既是一种礼貌的行为，同时又可以起到联络感情的作用。通过打招呼，我们可以向对方传达一种友好的态度，同时也是一种文化素养高的一个标志。早上来到单位和同事们说声"早"，下班后说声"拜拜"，这都是很常见的事情，也是很符合社会交往规范的。美国路易斯维尔大学的心理学家斯坦利·弗拉杰博士称，从一个人打招呼的习惯用语中，可以看出一个人自身的很多东西，每一种习惯用语，都体现了说话者的性格特征。

譬如距离问题，人和人之间的距离是很有讲究的，尤其是在打招呼的时候，如果我们能察觉出彼此的距离，就能很容易摸清对方对自己的态度以及他的性格倾向。比如说你和某个人打招呼，这时候他却故意地退后了两三步，对你而言，这是什么信号呢？你可能在想："这家伙真不礼貌，我和你打招呼，你离我那么远，我又不会吃人，干吗那么冷漠"，所以一旦出现这种情况，他就会给你留下很不好的印象。他可能认为这是谦虚的一种表现，显示自己不是盛气凌人的那种人。不过这种行为如果用到社交场合，就会被认定是不礼貌的一种表现，有意拉开彼此的距离，表示的意思是戒备、疏远；如果是无意识的行为，就意味着对方潜意识里想要避开你、远离你，同时希望能在彼此的关系上找到优势心理，给你一种心理压力，让你首先在心理状态上就处于劣势。

（1）打招呼的方式

A. 眼睛一直盯着对方

有些人和你打招呼的方式是点点头，同时眼睛一直在盯着你看，这说明对方对你怀有一定的戒备心理，同时他也想在彼此的关系中占据优势的主导地位；他的眼睛一直盯着你的眼睛，说明他在推测你的心理动态，想了解你在想什么。和这种人打交道，不应该过于急切，如果想有一个比较不错的关系，那么就需要循序渐进，急不得，要保持你的诚意；如果一旦很急切，很可能会被对方看到你的缺点，这时候他可能就会看不起你，从而产生反作用。

B. 不看对方的眼睛

和上面那种人相反，有的人打招呼一直都不看对方的眼睛，虽然你在看他的眼睛，希望能得到一个正面的回应，但是始终没能得到。有的人认为这是对方的一种傲慢的态度，其实并不是这样的，恰恰相反，这是对方有很深自卑感的原因，这个人可能是非常胆小的一个人，如果你的动作有点过激，很可能就会将对方吓跑。所以和这种类型的人打交道，要注意保持一颗平常心，要能平静地对待他的一些不被常人理解的反应，平等地看待彼此的关系，这样就能比较容易地建立起关系。

C. 随和、自然地打招呼

有的人和别人第一次见面就像是很早就认识的老朋友一样，

很随和地上来和你打招呼，很随便自然。别人对这种情况可能并不是一下子就能接受的，所以经常会有被吓一跳的感觉，起码心理上感觉有些不舒服。对于女性，如果出现这种行为，是因为她们想在彼此的关系中建立起比较有利自己的地位；对于男性，如果见到女性就很随意地打招呼，那么女性朋友要注意了，他们和女性不一样，这种人一般以浪漫多情自居，很多情况下都是滥情者，而且有不少这样的男性是游手好闲者。

D. 打招呼千篇一律

有些人和自己的熟人，甚至是朋友打招呼的方式千篇一律，虽然很熟了，但是仍然是老套路，这种人一般自我保护、自我防卫的意识很强烈。

还有些人在接受礼物时也会表现得和多数人很不一样。比如说你给他送了一件礼物，如果是平常人在办公室见到了，对方可能会说："真谢谢你的礼物，我很喜欢！"但是这种人不一样，明明他接受了你的礼物，但是在办公室有人的时候，仍然很冷淡地和你说："早！"没有人的时候，他才过来对你讲"你的礼物我已经收到了，谢谢"等。跟这类人说话以及其他的交往不能太随便，尤其是在比较正式的办公场合，和工作无关的事尽量不要讲，否则的话，可能会引起他的反感，以至于出现不必要的不愉快。有的人却不一样，他们在工作的时候非常认真、正儿八经，一直都是那种很专业的姿态；但是一旦下了班回到家里，就没日没夜地玩麻将，这类人一般表里不一，而且极为重视自己的名誉。

（2）打招呼的常用词

不但打招呼的方式能反映出一个人的性格来，打招呼常用到的一些话，也能反映出一个人的心理以及本质的性格特点。

A．打招呼说"你好"

打招呼习惯说"你好"的人大多头脑冷静，情绪波动不大，只是有点过于迟钝。他们一般做事认真，很勤恳、理智，很少有感情用事的时候。这种人一般深得身边朋友熟人的信赖。

B．打招呼说"喂"

以"喂"来和别人打招呼的人往往具有快乐活泼的性格，且精力充沛、直率坦白、思维敏捷，富有幽默感，并善于听取不同的见解。在情绪上，他们的心情起伏会大一些。

C．打招呼说"嗨"

打招呼时习惯说"嗨"的人往往有着腼腆害羞的性格，常常多愁善感，总是担心自己做错事，所以不敢做出太多新的尝试。他们平时表现得少言寡语，只有跟自己认识的朋友或是家人在一起时，才表现得比较健谈。当然，这种打招呼的方式也要结合其声音的变化来判断，如果对方说"嗨"的时候声音较大，并且有较长的拖音，还配合有招手的动作，那么可以说明他心情不错，平时也比较开朗。

D．打招呼说"过来呀"

看到对方后，喜欢招呼对方，让对方"过来呀"的人多性情直率、办事果断，喜欢与他人共享自己的感情和思想，这类人很喜欢冒险，不过也能从每次的失败中吸取经验教训。

E. 打招呼说"见到你很高兴"

当一个人打招呼的时候喜欢说"见到你很高兴"的时候，则说明他是一个性格开朗，待人热情、谦逊的人，这样的人往往喜欢参与各种各样的事情，但是，这样的人经常爱幻想，很容易被自己的感情控制而不知所措。

F. 打招呼说"有没有新鲜事"

一见面，先问对方"有没有新鲜事"的人一般有着很强的好奇心，喜欢探究他人的秘密，背后也常会对他人议论纷纷，很容易招来别人的反感。

G. 打招呼说"你怎么样"

见面时喜欢问对方"你怎么样"的人往往很喜欢出风头，希望引起别人的注意，对自己充满了自信。通常说这句话是为了让对方反问自己的情况，以此炫耀内心的称心事。

7. 在争吵中解读对方的性格

吵架虽然不是一个愉快的经历，但其中也会有一些很有意思的现象，譬如，两个人即便是争吵得特别厉害，恨不得能将对方撕开来吃了才解恨，但也没有人动手。再比如吵架是循序渐进的，在争吵中逐渐升级、双方情绪越来越激动，吵架已经不再是因为之前的一点鸡毛蒜皮的小事了，之所以还能维持这么长的时间，原因是吵架双方都想赢得这场吵架的最终胜利，至于一开始的原因，反倒不重要了。

吵架为什么能让人变得那么高嗓门？从医学角度来讲，这也是可以解释的，因为这个时候双方的肾上腺激素猛增，这种兴奋是吵架的时候所独有的，平常事情顺利的时候是不会有这种感觉的。不过并不是所有人都会有这种激素，有不少人看见吵架的场景就躲得远远的，他们很害怕争吵，这并不能说明这个人的胆子小，只是因为他们很害怕和别人起争执而已。不同的人在吵架中有不同的表现，从这一表现中，我们也能对他的性格进行解读。

（1）吵闹争执时言语犀利

这种人一开始争吵就表现得像是一个上了战场的斗鸡一样，随时准备开始进行战斗，不过不是肢体上的冲突，而是言语上的你来我往，他们已经做好最充分的准备了。这种人一旦遇到类似的场合，就会变得像野猫一样，嗷嗷乱叫，他们激烈的言辞自己是感受不到的，非常过分的话一再重复，而且下一句可能更加厉害，平时他的反应估计不会这样。就是这个时候，你才能发现，原来语言也可以这么有用，他竟然能将语言发挥得如此淋漓尽致。

如果是这种类型的人，他们一般很容易恼怒，一件很小的事情就有可能惹恼他们，所以这类人多半在生活中给人一种无理取闹的印象，而且人缘极差。因为如果和他争吵的人是自己的至亲或者是朋友熟人的话，他们的嘴也没有把门的，什么话都能往外倒，一开始是小火慢炖，很快就变成野火燎原了。他能将你的七大姑八大姨都骂个狗血喷头，你的家庭、亲人等都有可能被他骂个遍。从这个角度来讲，这种人是比较可恶的。

（2）吵闹争执时身体攻击

面临即将要输掉这场争吵的时候，有些人开始很不安，他们不仅仅是语言攻击，非但嘴不闲着，身体也不闲着，既然是吵架输了，肯定就是在语言上吃亏了，没有办法了，就只好用自己的身体做出反抗的行为。这种人一般很容易冲动，只要事情稍有不顺心，就会大发脾气，而且他的挫败感是别人不能理解的。

（3）吵闹争执时"无所谓"

有一类人在和你以及别人争吵的时候，表现得异于常人。他们对这种事情无所谓，不管对手怎么挑衅，怎么张牙舞爪，他就是不动声色，对手看看可能也没什么意思了，闹一会儿也就鸣金收兵了。这类人一般心态很好，其实当时他有那样的表现并不是因为他已经控制了全场，只是想让人知道自己有处理这类问题的能力，并且完全相信自己能够控制局面。不过他们一般会相信船到桥头自然直，任何问题随着时间的流逝都能得到解决，不过具体能解决到什么程度，他们也无法预料。

（4）吵闹争执时的"无辜状态"

还有一类人在面对对手的挑衅时，总是喜欢说"你可能太过在意了""我想你还没有完全了解事情的真相，不信你和你的家人聊聊"。这种人多数情况下在面对争吵的时候，总是喜欢摆出一副无辜的架势来，很喜欢用沉默来化解对方的进攻，不管你怎么表现、怎么过激，只要还在相对正常的争吵范围内，他都不会在意。这类人一般心态比较好，他认为自己是高人一等的，他也很希望自己能赢得这场争吵，但是方式都是以自己的洋洋自得而结束，而不是在彼此脸红脖子粗的互掐之后才完事。

（5）吵闹争执时"让人同情"

再有一种就是博取同情，这种人吵架很有技巧，不管一开始争吵的原因是什么，或者干脆就完全怪他，一旦开始争吵，他就会摆出一副受害者的模样出来。他很希望能有人出来为自己打抱不平，如果有人能替自己将这场争吵终结，那是再好不过了。不管是什么理由，对方是什么人，他总是在想办法，让自己看上去像是个受害者。他们很富有表演技巧，如果转行当演员，应该前途一片光明。

（6）吵闹争执时的"不动情感"

这种人在争吵时不动任何感情，即便是面对已经开始了的争吵，也会和对方说："你先别激动"，不管是在什么情况下，他都不会让自己的感情轻易流露出来。这种人非常冷静、很理智，而且他们都是很聪明的人，他们清楚地知道这样的争吵没有丝毫意义，最终的结果还是不了了之。因为这样的争吵本身是没有任何意义的，所以他们就懒得和对方进行下去，只是希望能尽快将这个场面收拾了，了结完事。这种人在面对这样的情况时，基本上都会是赢家，因为他们很理智，对方则已经完全乱了阵脚。

（7）吵闹争执时摔东西发泄

这种人认为摔东西令他兴奋，只要摔碎几个盘子或者花瓶，他就觉得心里好过些。他认为这种"威胁恐吓"能令对手害怕，会让自己获胜，而对手一旦屈服，他就得逞了。于是他努力像英雄一样，想在吵闹争执中获得自尊和自信，但是，这种想赢的欲望却使他表现得像个婴儿。

（8）吵闹争执时的"最后通牒"

这种人常常以"我无法忍受了，我要离开"为结束语。其实，他无法忍受的是事情不如他意，而这个最后通牒，使他觉得自己威力大增。不过，如果有一天吵闹争执时，对方对他说"好！你现在就走，我才不在乎呢！"，这时他必须面对现实所带来的恐惧，因为他根本没有勇气离开。

在日常生活中，我们能做到的是尽量控制自己的情绪，但是在某些情况下，与人发生争执在所难免。在保证自己头脑清醒，不做出过激行为的前提下，在争吵之中留意对方的表现，不仅有利于我们看清对方的性格，还可以帮助我们迅速找到解决途径来结束争执。

第七章 教你火眼金睛识破谎言

JIAO NI HUOYANJINJING SHIPO HUANGYAN

1. 人为什么会说谎

不管在什么时代，谎言都是存在的，每个人每天总会有意或无意地说些谎言。有人会问："人为什么总是喜欢说谎话呢？"在心理专家看来，喜欢说谎话其实是一种心理疾病。专家在研究那些说谎者的大脑神经时发现，一个经常说谎的人，他的大脑前额叶神经非常脆弱，不能有效地分辨出自身所讲内容的真假性，有时候甚至会将真话和谎话混为一谈。当然，除了大脑前额叶神经衰弱之外，后天养成也是促使大多数人习惯性说谎的重要因素。

马萨诸塞州大学的教授罗伯特·费尔德曼曾经做过一个实验，他发现参与实验的人中，有60%的人在十分钟的交谈中撒谎一次，更多的人撒谎两到三次。这就是说，基本我们会在不经意间就撒了谎，自己可能根本就是无意识的。在这个问题上，男女并没有不同，大家都会撒谎。有时候，我们可以将撒谎看作是保护自己的一种行为，这是很多人撒谎的一个原因；另外一些情况可能是源于社交的需要，比如你不得不对一些自己不喜欢的人说好话，因为大家都是那么做的，即便有些人不喜欢你，但是也极少有人会当面指出这一点。否则的话，不但是你不会原谅他，就是别人也会认为这个人践踏了社会准则。

　　生活中充满了谎言，在人类学会说话的同时，就学会了撒谎。这个问题讲的不单单是别人，我们自己也是这样。在交谈的时候，多数情况下我们会撒谎，而且对于多数的谎言我们没有丝毫的不安，小到一些胡编乱造的信息，大到一些弥天大谎，经常会出现，这是不可避免的事情。我们也不敢想象，如果人类没有谎言，将会是怎样的一幅画面，比如说你长得实在拿不出手，别人就照直说了，你的心里可能也不是滋味。所以生活中的谎言也有一些存在的必要性。

　　至于人们为什么会说谎，心理专家将原因归为以下几种：

　　（1）出于防御而说谎

　　比如，小时候因为贪玩忘记做家庭作业，就会欺骗老师说作业落在家里没有带来；长大之后与朋友相约一起出去游玩，因为喜欢赖床，导致让别人等了很长时间，人们通常都会说路上堵车或者车抛锚了。出于类似自我保护的意识或者让自己脱离不利境遇的谎言，就属于自我防御型谎言。

　　再比如，当媒体将某公司的内幕曝光之后，有记者问到相关的事情时，经常可以听到某公司发言人用"忘记了"或者"无可奉告"这样的话来为公司的行为进行开脱，就算某高管被调查，在录口供时也常常用"这事和我没有关系，我当时都不知道"，或者"这些事情都是别人办理的"等来搪塞媒体或者调查人员，以显示自己的清白。

　　心理专家发现，当人们偶尔想起不愉快的事情时，都会想尽一切办法去逃避，有时候甚至会将造成不愉快的责任推卸到他人身上，于是就运用狡辩或者谎言让自己摆脱这种不好的处境，而这种出于自我保护意识的谎言在生活中随处可见。

心理学家在研究防御型谎言时，将人们说谎的动机分为以下几种情况：

出于把不被接受的欲望、情感或动机压抑下去而说的谎言。这种谎言的特征就是自我安慰，当看到自己非常喜欢的东西却没有能力获得的时候，通常会说一些诋毁的话，以求自己能够"心安理得"地放弃它。

出于某种企图而说谎。其中绝大部分原因就是为了自己的利益而讨好别人所说的谎话。

出于逆反心理而说谎。这种说谎的类型普遍出现在处于青春期的少年身上，他们通常会说一些谎话以达到哗众取宠的效果。

为了推卸责任而说谎。这种谎言在生活中也是最常见的，人们在做错事情时，明明是自己不对，却硬要推卸到别人身上。

心理学家指出，防御性谎言尽管有自欺欺人的一面，但它同时也是一种自我保护的武器，就像螃蟹或者乌龟外壳的功能一样，它能让说谎者的心里感到安全或舒服。在生活中，如果人们能像 FBI 探员一样细心地观察周围，就会发现听到的十句话中至少有一句是这种自我保护的谎言。

（2）为了赢得赞赏而说谎

有些人说谎，是为了避免自己出丑或者是为了得到别人的赞许，以彰显自己与别人的不同。心理专家指出，这类人有很强的虚荣心，这种心理不仅出现在个人的话语中，还表现在其行为上，例如，盲目地攀比、非常在意别人的看法、很强的妒忌心理等。

一个人为了满足自己的虚荣心，经常会编造一些自己没有经历过或是看到过的事情，这类人之所以努力表现自己与别人是不一样的，究其原因都是他们的自尊心在作祟。由于自己的某种欲望没法得到满足，由此衍生出一种补偿心理，以弥补自己受伤的心。在心理学上，这种行为被称为"心理补偿机制"，这也是很多人最终选择的结婚对象会与自己初恋对象十分相似的原因。

所有的事物都有双面性，而心理补偿机制也不例外。FBI心理专家在研究的过程中发现了心理补偿机制的两面性：消极性和积极性。顾名思义，消极性补偿就是对人有危害的补偿，人们有时会用一种与自己毫无干系的事情，来显摆自己与别人的不同，最后的结果常让自己得不偿失，例如，一个事业上失败的人，整日沉溺于酒精中无法自拔；而积极性补偿则是用一种恰当的方法来弥补自身的缺陷，例如，一个相貌平庸的女学生致力于学问上的追求，从而赢得别人的尊重。

古人云"爱美之心，人皆有之"，而虚荣心更是人类的天性。虽然谎言都有自欺欺人的成分，但是只要人们运用得当，也会有一定的积极意义。

（3）为了特殊目的而说谎

有位先哲说过一句这样的话："人所处的环境是无法选择的，

可以选择的环境就不是环境。"很多人在环境的逼迫下，为了迎合他人的心意，让自己获得别人的认可而不得不学会撒谎。心理学家指出，每个人都拥有感知他人心理状态、预知他人心理变化的能力，这就是人们口中常说的"第六感"。

一架美国客机在飞行途中遇到恶劣天气，飞机的侧翼发生故障而被迫降落到一座孤岛上，但飞机在迫降的过程中严重损坏，包括与外界通信的设备也一起坏掉了。

幸存下来的乘客纷纷陷入了恐慌之中，没有通信设备意味着他们只能在这座孤岛上等死，而求生的本能使人们为了争夺有限的食物和水而大动干戈。

在紧急关头，一位乘客站了出来，说："大家不要惊慌，我是一名高级工程师，只要大家齐心协力听我指挥，就可以修好通信设备。"这话好比一针强心剂，稳定了大家的情绪，人们自觉地节省水和干粮，还组织人员进入孤岛上的深山之中寻找干柴和能吃的果实，一切井然有序。

十几天过去了，通信设备并没有修好，但在海边却出现了一队商船，搭救了他们。几天后，人们才发现那个乘客根本就不是高级工程师，他是一个对维修通信设备一无所知的心理学教授。有人知道真相后骂他是个骗子，愤怒地责问他："大家命都快保不住了，你居然还忍心欺骗我们？"教授却说："假如我当时不撒谎，大家还能活到现在吗？"

谎言一般分为善意谎言和恶意谎言。善意谎言是指毫无恶意，对人有益的谎言，例如在家庭聚会的时候，父母常常会数落自己孩子的不是，同时还要说他人孩子的优点，像这种类型的客套话都是毫无恶意的；而恶意的谎言则是指从个人利益出发，侵犯他人权益的谎言，比如时下最普遍的电话诈骗，通过电话来骗取受害人的财产。

　　说谎虽然是交际的需要，但是依旧要区别不同类型的谎言，要是一个人说谎话的出发点是善意的，可以不必过于纠结其中的真伪；但如果是出于恶意的想法，那么就要提高警惕性，不要轻易地上当受骗。

2. 哪些表情会暴露对方在说谎

　　据心理学家统计，我们每天遇见的人当中，有三分之一的人都会撒谎、说假话，换句话说，我们天天都要被三分之一的人"欺骗"。这些欺骗和谎言背后藏匿着许多不同的东西，也许是急于结束某一场谈话，也许是对谈话对象不屑一顾，也可能的确有"欺诈"之心，等等。因此，我们需要对他人的话语加以辨别，尤其是辨别谎言，通过辨别谎言了解"欺骗者"的动机。

　　男性与女性在撒谎的数量上没有任何区别，然而在说谎的形式上却存在较大的差异。男性制造谎言，也许是为了给别人留下"美好"的印象；而女性撒谎却可能是为了让其他人"感觉良好"。生活中，女性比男性更倾向于表达积极的主张，不管她们喜欢与否。所以说，当女性感到心烦意乱的时候，比如，她们在收下一份自己不想要的礼物或者可能为了维护他人的"面子"时，更可能会选择撒一个善意的谎言。

但无论撒谎者在撒谎方式上有什么不同，其谎言的生成都是有其原因的，这个原因并不是为什么撒谎的原因，而是怎样将谎言说好的理由。当然，再高明的撒谎者，他们的行为举止也常在无形间"出卖"他们，即使他们以为自己撒谎的天分很高，撒出的谎天衣无缝，但各种各样的信号显示，外人知晓他们已经撒了谎。

相信大家对"测谎仪"并不陌生，却很少接触到它。测谎仪的出现对打击犯罪、维持社会安定有很大的作用，主要运用在犯罪嫌疑人的身上。测谎仪的工作原理并不是测"谎言"本身，它只是一种记录人说话时生理反应的仪器。虽然测谎仪的出现能够有效地帮助警察快速地破案，但是机器终究只是机器，它总会存在缺陷，而人类复杂的内心也不是仅仅靠一台测谎仪就能完全把控的。因此，归根结底要想识破谎言还得靠人们自己的观察力。

一个人的表情的外显通常被认为是"自然流露"，意思是指有所见或有所感而发，出自内心的自然本真，显示出的表情举止自然而然。但其中也隐藏了不少真性情，因为虚假的表情难掩真实的神色，你若仔细观察，必会窥探出不少秘密。比如，项羽和项梁看见秦始皇游览会稽郡渡浙江的时候，项羽脱口而出："彼可取而代也。"吓得叔叔项梁急忙捂住他的嘴，这表明项羽心直口快；而汉高祖刘邦在见到秦始皇的时候，则说的是"大丈夫当如是也"，两人截然不同的表露，表明了两人不同的心性。

有人说："人的面部表情是人的内心世界的显示器"。一般而言，人在心里感触到的喜怒哀乐都会表现在脸上，一个人高不高兴看他的表情就知道了。但是，并不是每一个人的真实内心想法都会反映在面部表情上，有时候，他们为了寻求自我保护，会下意识地隐藏自己的一些真实情绪。不过，只要我们仔细观察，透过细微的表情，一样能捕捉到其中的秘密。

人们内心的真实意图可以通过人的脸部表情变化或者肢体语言的改变表现出来，当一个人心中没有隐瞒不可告人的秘密时，他的内心就会十分坦荡，而呈现出的肢体语言也会显得十分自然，具有协调感；而当人遇到恐怖的事情时，身体就会不自主地发抖、哆嗦等。通过观察肢体语言所传达出来的信号，我们就能够准确地知道一个人所说的话是否真实可信。在众多的肢体语言中，最能够显示一个人内心变化的就属人的自主神经所主导的身体外在表现的变化。

在生活中，一个人的面部能表现出各种各样的表情，或许，在对方未开口之前，你就能从其面部表情中获得一些信息，了解到对方的情绪、气质、性格、态度等。俗话说："看人先看脸"，脸是一个人内心世界的外观。当然，所谓的"脸"，并不是指人的长相，而主要指的是面部表情，而且在这里，是那些主要显露在表情之下的细微表情。

那么，如何从那些虚假的表情中捕捉到他人心中的真实想法呢？

（1）面无表情者

有的人自作聪明地认为"面无表情"就是最自然的神态，其实不然。在日常交际中，许多人会"面无表情"地谈话、交流，轻易不肯说出自己的想法。其实，他们真实的内心不外乎这三种想法：一是敢怒不敢言；二是漠不关心；三是根本没有放在心里。当然，也有可能结果恰好相反，只是对方不愿意让你看出来而已。

（2）皮笑肉不笑

在生活中，有许多人经常会以虚假的笑容来迷惑他人，尤其是那些奸诈的小人，他们不愿意表露自己真实的想法，常常以皮笑肉不笑的笑容示人。其实，这时他们内心的想法恰恰是与脸部表情相反的，可能是很愤怒，也可能只是想敷衍你，也可能只是想亲近你，但其内心一点想亲近你的意思都没有。

（3）洞悉对手急躁、不耐烦的表情

人们在生活中学会了用许多方法来掩饰自己的内心，当然，他们也知道在什么样的情况下该掩饰什么样的表情。比如，在商业会谈的时候，有的人总是显得急躁、不耐烦，眉毛时常跳动。这时，他们有可能没有诚心跟你合作，只是想趁早了事，还有一种可能就是他们只是想早点结束生意而去参加公司的晚会而已。

（4）鼻子的细微变化

不仅面部表情会泄露情绪，一个人在说话的时候，鼻子也会有一些很细微的变化。当一个人刻意地隐瞒某些信息的时候会不自觉地摸鼻子，而且鼻孔会扩大。此外，还有一些人在撒谎的时候鼻子会变红，更为明显的就是有些人脸颊也会跟着变红。

除此之外，心理学家还总结出以下几种肢体动作上的说谎信号：频繁地眨眼睛，目光躲躲闪闪等；不停地摸鼻子、额头，用手托住下巴，双手交叉等；跷着二郎腿，不断改变脚尖的位置等，这些我们将在下节详细介绍。

3. 辨别谎言的小技巧

在生活中，我们对别人所说的话，有相当一部分都是不真实的，同样，别人对我们说的话也不可能全都是真实的。在这些不真实的话语中，时常还夹杂着"胡话"，捏造之词、欺瞒之词，甚至是厚颜无耻的"弥天大谎"。

一个人在说谎话的时候，心理会产生不同程度的紧张，从而使他们做出安慰性的肢体动作，来控制心理上的紧张感，而紧张感越强烈，其安慰性动作就越明显。因此，只要能够抓住对方身体的变化，比如下意识地摸鼻子、用手摸自己的额头、双腿不停地哆嗦等，就能够一眼看穿对方的内心，从而揭穿其所说的谎言。

自主神经指的是人们神经系统中非意识可控制的神经系统，又分为交感及副交感神经两大系统。当人们内心受到外界的压力时，就会导致交感以及副交感神经失去平衡，比如当交感神经兴奋时，人的心跳就会加快，并且瞳孔放大；而当副交感神经兴奋时，瞳孔就会缩小。当人的生理反应强烈到一定程度时，自主神经会不受控制地活动，人的情绪就会泄露在人的肢体语言或者面部表情上。

当然除了自主神经之外，通过人的四肢动作也能看出一个人所说的话是否真实。人们在与人交谈的过程中，眼睛的视线一般只会注意到对方的上半身，而很少观察对方的下半身。经研究证明，在交流的过程中说话者很少会留意到自身腿脚的变化。

一个人内心最真实的想法可以从他无意识的言语和肢体语言中显露出来，而下面所列举的几种情况，能够帮助人们在一瞬间就能看破对方是否在撒谎：

（1）眼睛"出卖"谎言

A. 目光闪烁不定

目光闪烁不定，被大多数人认为是暗藏欺骗与谎言的信号，这部分人认为，一个人之所以会在谈话途中出现飘忽不定的眼神，是因为他的内心为他的所作所为感到了内疚与忧虑。而事实上，有些人目光闪烁也不一定是说谎的信号。

B. 凝视目光

据考证，在说话时有着凝视目光的人有可能是谎言制造者，因为凝视相对闪烁飘忽的目光来说，是很容易控制的，谎言的制造者为了不让他人看出自己说谎，会专心控制自己的目光，于是采用凝视的眼神来强化自己给对方好的印象，也就是告诉他人，自己是诚实的。

另外，当得知大多数人都认为目光闪烁或是目光游移是撒谎者所为时，许多的撒谎者便会做出完全相反的动作，并刻意更多地注视对方，让对方认为他所说的都是实话。因此，如果你想知道别人是不是撒谎，千万不要仅限于他的眼神是否闪烁不定或四处游移，在某人比平日里更加专注地看着你和你说话的时候，你就该警惕了，也许他们已经正在给你说他们之前编排好的谎言了。

C. 快速眨眼

还有一个假定的撒谎信号是快速眨眼，一般情况下，当人们变得兴奋或者思维快速运转的时候，眨眼的频率会相应地增加。正常情况下，人的眨眼频率大概是每分钟20次，然而，当人们感觉到压力的时候，眨眼的频率可能会提高四到五倍。撒谎会让人兴奋，即便是撒谎者为了打圆场的话，也会处于兴奋状态，由于这时他们的思维很活跃，眨眼的频率自然就会加快。在这种情况下，眨眼与谎言之间的确是有关系的。但是有些人眨眼速度快并不只代表了谎言与欺骗，还很有可能是因为压力过大。

（2）手"出卖"谎言

A. 用手触摸鼻子或者捂住嘴巴

摸鼻子是人们谈话过程中最容易出现的一个动作，这个动作代表着当事人有说谎的嫌疑。有研究证明，当一个人处在焦虑、气愤或者烦躁的情绪之中时，他的鼻腔血管同时会膨胀，这时候往往会下意识地触摸鼻子，这种行为也被称为安慰行为，起到缓解鼻子不适的作用。当然捂住嘴巴与摸鼻子的道理一样，都代表这个人有可能在说谎话、欺骗他人。

当与人交流的时候，发现对方时常用手去捂住嘴巴，甚至在说到一些重要地方的时候，他们还会借用咳嗽来掩盖捂嘴的动作，这个时候就要多加留意此人所说的话，因为他此时所讲的内容很可能是假的。

撒谎者通过摸鼻子能够体会到捂嘴的瞬间安慰，这样也不会把人们的注意力引向自己，因此，摸鼻子显然是"捂嘴"之类的替代行为。虽然在旁人看来他似乎是在摸自己的鼻子，但他真正的目的则是想要掩住嘴巴，让对方不再怀疑自己的谎言。

B. 频繁揉眼睛

用手揉眼睛所表达的含义是人们对眼前所见到的事物产生了怀疑，或者是在说谎话，避免视线与他人有直接接触，这种行为也是人们"心口不一"的体现。当看见对方说话时不停地用手去揉眼睛，那么就要对他所说的话的可靠性用心地辨别了。此外，如果发现对方在说话的时候，除了眼睛不敢与人对视之外，还经常做出四处张望的动作，那么此人有极大的可能在说谎。

一个人揉眼睛力度的大小与撒谎的程度也有着密切的关系。一个人揉眼睛的力度越大，说明他说的谎话越大。当然，要将一些特殊情况区别开，例如，有的人眼睛可能天生很干或者是有东西跑到了眼睛里面，迫不得已才去揉眼睛。

C．用手摸脖子

心理专家指出，人们在说谎的时候，会引起面部和颈部神经的刺痛感，所以才会用手去缓解压力。当有人向你说出"我觉得你的想法不错""你做得非常好"这种肯定性的话时，手却摸颈部或者摸耳垂，表明他此时的内心对你一点都不认可。虽然他在语言上传递出了正面信息，但是肢体语言却将他内心真实的想法表露了出来。因此，当看到这种"言行不一"的动作时，切不可因为别人言语上的赞美而暗暗得意。

D．用手拉扯衣领

这个动作同用手摸脖子是一样的，只不过是间接性地摸脖子。当看到对方用手拉扯衣领的时候就要提高警惕性了，不要被他的糖衣炮弹所迷惑。当然，如果当时是因为天气冷的原因就要另当别论了。

（3）腿部"出卖"谎言

有些人在撒谎的时候，腿会抖动，或者脚有节奏地敲击着地，这些细微的动作显示他们正在撒谎。

A．来回不停地晃动双腿

这是心不在焉或者遭受打击的心理暗示，由于人的心理产生了极大的挫败感，所以会不自觉地将情绪转移到双腿上面，以求得到安慰。

B. 不停地抖动双腿

在心理学家看来，不停地抖动双腿其实是人内心紧张的缘故。这种动作代表着内心焦躁不安。

C. 原本带有节奏感的抖动突然停止或者出现不协调的情况。

4.语言中的谎言信号

撒谎的人在说谎的时候，和正常说话是不一样的。会有比较明显的信号，我们仅仅凭借日常生活的一些积累就能一眼看出来这个人在说谎，但是并不是所有的信号都那么明显。日常生活中尽管我们自己也会撒谎，但是还是不喜欢别人对自己撒谎。这就需要熟知撒谎者的一些细微撒谎信号，通过这些信号，来判定他是不是在撒谎。

文学作品的描写方式有正面描写和侧面描写之分，谎言也是如此。说谎的人通常不愿意正面回答你的问题，他们既不想承认事实，又不想撒谎，所以往往采取一种折中的办法来应付你的提问，那就是暗示性的回答。

老师问小玉："我发现最近你的作业和小芳很相像，她做对的你也做对，她做错的你也做错，你们俩是不是互相抄袭作业了？"

小玉低声说："我和小芳平时都不在一起玩，我妈妈每天都在守着我写作业。"

像小玉这样的回答等于根本没有回答，面对老师的问话，她不能不回答，但又害怕被老师责怪，所以只能用"妈妈守着我写作业"来暗示自己是诚实的。暗示性的回答一方面避免了承认错误的麻烦，另一方面又可以减轻自己说谎的内疚感。除了暗示的回答方式之外，说谎者惯用的答话方式还有下面五种：

（1）套用你的话回应你，拖延时间

说谎的人在面对突如其来的盘问时，一时间来不及编造好答案，往往套用对方的问话来回应，以此拖延时间来准备好一套说辞，对于说谎的人来说，一秒钟比一分钟还长，这个时间足以做好准备。

妻子问丈夫："你是不是偷看我手机短信了？"丈夫有些慌张地反问道："谁偷看你手机短信了？"妻子又问："那你刚才拿我手机干吗？"丈夫说："我拿你手机干吗？我以为有电话就帮你看了一下。"

套用你的话作为回应，不需要进行思考而且显得反应迅速，这就像早上上班时同事之间互道"早安"一样自然，根本不需要用大脑思考，就按照对方的话进行回应。除了反问和重复对方的话之外，另一种套用方式就是把肯定句换成否定句作为回答，如果对方说，"你撒谎了"，心虚的人会回答，"我没有撒谎"，而清白的人会回答，"我说的是实话"。

（2）利用反问来拖延时间

就像套用你的话来回应一样，反问也是故意拖延时间编造谎言的手段。反问对方有时比套用对方的话更有效，因为反问过后对方还需要时间回答，反问使说谎者进一步争取到了编造说辞的时间。常见的反问伎俩例如："你这是什么意思？""你怎么会问我这种问题？""你听谁说的？""你觉得呢？"

说谎者不但利用反问来争取思考的时间，还可以突显自己的气势，一副理直气壮的样子，有时甚至会以此震慑对方，让人不敢再多问。

（3）主动提供更多的"信息"

说谎的人知道，如果自己什么都不说，正是心虚的表现。因此，他们可能反其道而行之，不但大大方方地回答你的问题，而且还主动提供更多的相关信息，一直到对方相信自己为止。

妈妈盘问儿子周六一整天都去了哪里，儿子撒谎说去市图书馆看书了。见妈妈一脸的怀疑，儿子又接着说："我还在图书馆遇见了小明，他说他每个周六都去那儿看书。"妈妈没说话，转身接着切菜，儿子赶紧又说："小明还让我下周五去他家给他过生日呢，他还请了好多同学。"

就像这样，说谎的人急于确认你理解了他的意思，如果你表现出怀疑的神情，他就会继续提供更多的"信息"作为证据，可能会牵涉到更多的人物和事件，因为人们往往相信，描述得越具体的事情就越有可能是真的。

（4）半真半假，真话假话混着说

自然界的许多动物都有保护色，这样不容易被自己的天敌发现，谎言也往往有"保护色"，那就是谎话里面穿插的真话。高明的说谎者惯用的伎俩之一就是用真话来掩饰谎话，说话时半真半假，真真假假的成分掺杂其中，让人难以分辨，从而达到迷惑人心的目的。这种真真假假、假假真真的话语，让人辨认起来更难分清哪句是真、哪句是假。

（5）主动亮出自己的"私心"

精于撒谎的人通常也是洞悉人性的高手，懂得利用对方的心理。说谎者常常会主动亮出自己的"私心"，但他亮出的只是一个假的或小的"私心"，是为了掩饰自己内心真实的想法，而真的或大的"私心"，他是不会说的。例如，导游在带领游客到商场购物时，会事先主动告诉游客，自己可以从中拿到回扣，但是只有5%而已，比起那些拒绝承认回扣一事的导游来说，游客们觉得这位导游很实在，因此不会有抵触的情绪，反而会多买一些商品，其实这位导游拿到的真正的回扣可能超过了20%。这种谎言利用的是人们"以诚相待"的心理，即用"小诚"来换你的"大诚"。

（6）贬低自己

人们往往以为那些自吹自擂、夸夸其谈的人更容易撒谎，其实高明的撒谎者反而会做出谦虚谨慎的样子，故意贬低自己，从而降低对方的防范意识，从而获得对方的信任，待取得对方的信任后再开始"大动作"。

（7）漫不经心地描述一件重要的事

当我们不希望某件事情引起别人的注意时，会尽量使用平淡的语气来叙述，最好是轻描淡写地一笔带过，这也是说谎者常用的手段，他们对那些可能会引起你怀疑的事情进行淡化处理。例如，你和妻子一边吃饭一边聊天，她忽然说："哦，对了，我明天晚上要去参加一个朋友的生日聚会。咱爸的生日也快到了，咱们想想准备什么礼物吧。"如果你的妻子平时除了工作以外很少出门，更不喜欢去人多闹腾的地方凑热闹，而朋友的生日聚会她通常一点儿也不重视，那么明天的活动就疑点重重；快速地转移到父亲的生日话题上，表明她企图转移你的注意力，可见事情一定有蹊跷。

总的来说，如果人们开始出现以上几种行为，他们有可能要说谎了。

除了从对方的言行举止中寻找其谎言的破绽外，为了识破谎言，人们还能做些什么呢？

A. 开门见山，直接抨击对方的心灵

我们在与人交流的时候，开门见山，直接告诉他自己已经知道全部事情了，并且神秘地点出你知道他心中在想些什么，将他的胃口吊起来，这样才能让对方露出马脚。

B. 若无其事，旁敲侧击

当我们与人沟通的时候，如果你已经确定对方所讲的话就是谎话，但是你又拿不出证据来指证他，那就试试这一招。

在使用这种方法的时候，一定要装出若无其事的样子，不能让对方有半点怀疑，然后再将证据一点点透露给他，观察他的行为反应，如果他没有撒谎就不会保持沉默。这种方法要比开门见山的办法好一些，能够避免发生失误。但是这种方法也存在一定的弊病，如果对手是一位撒谎老手的话，很容易看穿你是在套他的话。

C. 正面反击

通过巧妙的发问套出对方心中的秘密，其实从某种意义上来说，这也属于旁敲侧击。例如，当对方告诉你一件事情的时候，你可以先假装不相信，然后反问他一句"你说的是真的吗""你没有骗我吧"，接下来你就可以安心地观察他的行为变化。说谎者一般都以为只要是自己说出来的话，对方一定会相信，所以，他压根就想不到别人会当面质疑他，因此，这个时候他的内心会处于一种挣扎的状态，就会在紧张慌乱中露出破绽。

但是，在使用这种方法的时候，一定要拿捏好问题的关键所在，用恰当的方式表达出来。如果对方能够将自己的真实想法说出来固然好，要是对方依旧不肯说实话，也能够从他的行为变化中得到我们想要的信息。

D. 说出合理的假设

在交流的过程中，这种方法还是要慎用，如果没有把握好尺度会让你们之间的关系变得紧张起来。

在接触各种各样人的时候，留意观察对方的手势等肢体语言流露出来的信息，一般情况下可以得到一些有价值的线索。

只要我们深入观察，不放过任何蛛丝马迹，就能够快速地辨别对方讲的内容究竟是真是假。

5. 快速识人不走眼

纵观中国五千年历史，善于识人辨才者也比比皆是，比如：周文王在渭水河畔结识姜太公，吕太公挑选无赖刘邦为婿，曾国藩第一次见到江忠原时就看出他为人侠义等。这些历史上的伯乐们还给后人留下了很多著名的识人方法，比如曾国藩的《冰鉴》、诸葛亮的《观人七经》、刘邵的《人物志》、吕不韦的"八观六验"等。当然，随着时代的进步，现代人在生活中不仅要面对国人，有时还需要结交一些外国友人、海外华侨等社会各界人士，因此，古人所总结的识人之法也存在一定的局限性。

近年来，通过对世界各国不同肤色人群的外貌、体态等进行了综合性调查后，FBI整理出了自己独特而且覆盖范围极广的识人辨人技巧，其中的观点包括：人体的形态不仅会受到先天因素的影响，也会被后天养成的因素所改造。研究发现，人类在脱离母体之前，会受到来自外界的某些微妙因素影响，这些影响可能来自于月球的引力、季节气候的变化等，这些外部因素会对人体进行第一次"塑造"；而当胎儿出生、脱离母体之后，现实世界又会对其体态进行第二次改造，这种改造是潜移默化的。

在长期研究对比之后，心理学家总结出了一些特有的识人辨人技能，他们可以通过分析他人的体型、外貌，来给对方下一个初步定义，以此来帮助下一步的分析工作。比如，心理学家可以通过观察一个人的头部形状、鼻子、嘴型以及体型，来对他做出初步判断，这对他们研究发现人类群体、预防异常情况，有很大帮助。

（1）头部形状的不同

经研究发现，不同人种的头骨有着很大区别，比如在希腊、德国、意大利等地，人们的头骨多以"长"为主；而亚洲人的头骨多以"宽"为主；苏格兰和瑞典人的头骨最为特别，多以"方"为主。而在动物界，富有攻击性的动物的头骨形状和温和型动物的头骨也有着明显区别，攻击性强的动物头骨多以宽大为主；而食草动物或者性格温顺的动物，头骨则多以窄小为主。

心理学家根据研究成果，对不同头型的人进行了特性区分。他们将人类双耳顶端之间的距离作为划分头型宽窄的依据，其中双耳间距小于 22 厘米的头型，被称为窄头型；大于 22 厘米的头型称为宽头型。

A. 宽头型的人

研究发现，拥有宽头型的人，大多有着充沛的精力，并且有强烈的支配欲，还常以争斗为乐趣。

B. 窄头型的人

拥有窄头型的人则完全相反，我们可以将他们形象地比喻成"鸽派"。在面对他人诘难的时候，他们通常表现得十分理智、温和，"有理不在声高"是他们的座右铭，而且他们中的大多数人往往警觉性很强，为人灵活多变。所以，窄头型的人非常适合外交工作，他们在待人接物时的温和态度，能帮他们很好地处理各种棘手问题，而且，拥有窄头型也是 FBI 选择情报人员的标准之一。

C. 高头型的人

还有一种头型叫高头型，从耳朵的耳眼部位开始计算，向上到达头顶最高处，间距超过 19 厘米的就是高头型。这类头型比较特殊，拥有这类头型的人会直观地给人一种智慧感。而且拥有这类头型的人通常都有很强的乐观主义精神，公平公正、诚实坦白。所以，具备这种头型的人群，经常会出现一些诸如教育家、传教士、政治家等高智慧人士。

D. 低头型的人

相对于高头型来说，低头型是指耳眼部位到头顶的间距小于 19 厘米的头型。拥有这种头型的人大都特别注重物质，是忠实的物质主义者。对于这种人来说，利益往往是他们的第一目标，也只有利益可以打动他们。如果我们想要得到这种人的帮助，只要向他们许以利益或者给予实际的好处，通常都能很轻松地说服他们。

（2）鼻子形状的不同

心理学家认为，一个人鼻子的形状通常和这个人的积极性有关。如果鼻子长、颧骨高，那这个人通常是一个精力旺盛、积极性较高的人，这类人在工作和生活中总是充满活力，有着十足的干劲；而鼻子较短又小的人，往往缺乏主动性，在生活中表现得较为消极和懒惰。FBI还发现，鼻子的大小和高低还间接影响着人们的呼吸量，鼻子大而高的人呼吸频率低，呼吸量大；而鼻子短小的人则与之相反。众所周知，呼吸量过小会影响一个人的脑部供氧，而一个人如果长期处于脑供氧不足的状态下，就会影响到其智力水平。

（3）嘴唇形状的不同

心理学家还发现，和其他部位相比，嘴唇同样是人类体态中能清晰表现其性格特征的部分，FBI可以根据某人嘴唇的厚薄和嘴唇与鼻子之间的"人中"长短对其性格做一个大概判断。FBI认为，嘴唇窄而且薄的人，往往比较谨慎；嘴唇松弛的人则缺乏坚定的意志力；嘴唇厚往往代表忠厚老实；嘴唇宽而且长则表明这个人性格乐观、积极。如果人中比较短，则这个人通常非常渴望得到他人的赞扬，甚至是热衷于得到他人的恭维；而人中比较宽且长的人，则一般有自大情绪，且有很重的猜忌心。

（4）体型的不同

对人的体型，心理学家也有着非常详尽的研究，他们用"高矮胖瘦"为人们的体型分类，认为不同的体型会给人的个性带来不同的影响，而他人的看法也会影响当事人的心理。这种现象，就像是人们会戴着"有色眼镜"去看待那些和正常人有差异的人一样，而这种区别性态度往往又会影响他们的心理健康。

A. 体型高大的人

心理学家认为，体型高大的人通常积极、勇敢、独立，而且有很强的掌控力，造成这种心理的主要原因是：在日常生活，特别是童年的成长过程中，体型高大的人较少面对来自他人或者外界的威胁，他们会因此认为自己很安全。而这种自认为非常安全的感觉，会让他们的心态处于比较轻松的状态，因此，身材高大魁梧的人自然就显得更为积极、勇敢。与此同时，高大的身材也决定了这些人在生理和心理上的发育都早于同龄人，这就使得他们的人格比同龄人更成熟。

B. 身材矮小的人

身材矮小的人往往有着完全相反的经历，在幼年或者童年生活中，他们感受到的最多的情绪就是被轻视，因为他们的矮小身材代表着"弱小"。而在弱肉强食的大环境下，即便是在业已文明的现代社会，这一点也无法避免，因为人在本质上就具有动物性。所以，这些身材矮小的人，从表现出自己"弱小"的那一刻开始，就在逐渐丧失了自己的发言权、决定权，甚至还会被其他"强大"的人所欺负。权利和荣誉的丧失，在一定程度上刺激了这些身材矮小的人，他们会产生通过其他方式来夺回自己的发言权和决定权的想法，于是他们往往会充分开发、利用自己的大脑，转而通过智慧来弥补自己在体力上的不足。这也正是为什么很多名人个头不高却都智慧超群的原因，比如巴尔扎克、毕加索、拿破仑，以及中国古代的晏子等，他们都是身材矮小、用头脑思考的典范。

心理学家还发现，身材矮小的人在艺术界也很容易做出一番成就，这很大程度上是因为，这类人的敏感神经在后天得到了加强。和身材高大的人相比，矮个子的人通常不具备暴躁脾气，因为他们有着严谨的思维和冷静的头脑，知道暴躁不能给他们带来任何好处。

C. 身形偏胖的人

身形偏胖的人大都乐观向上，能很好地面对生活中的各种不利因素，自我调节的能力很强，几乎不会被负面情绪所影响。遗憾的是，身形偏胖的人在初入陌生环境中时，经常会受到来自他人的不公平对待，有些素质低下的人不仅会对他们当面进行嘲讽或攻击，还会在茶余饭后不断议论、挖苦他们，个别女性会对这些胖人刻意保持敬而远之的态度，甚至轻视他们。不过，上述情况基本不会影响到胖人的生活态度，他们通常会在恶意面前以自嘲来化解尴尬，这种方式为他们平添了几分幽默的魅力，并且能够为他们赢得大家的尊敬。

D. 体型纤瘦的人

最让心理学家感兴趣的人群就是体型纤瘦的人，这类人群也是犯罪心理学家最感兴趣的群体，甚至有心理学家下结论说，相对于体型超标或者体型适中的人来说，体型纤瘦的人最容易患上精神偏执症。虽然上述论断一经公布就招致了很多非议，但从某些方面来讲，这种论断并非纯粹出于哗众取宠，在犯罪案件中，很多连环杀手和一些恶性案件的元凶，往往都是身材偏瘦的人。

我们也需要知道，识人技巧只是概括性的综述，它针对的是一种整体现象，不能盲目地套用到某个人身上。作为普通人，在生活中应客观地面对他人，结合情境、环境、对方的语言、表情，最后再加上身形体貌特征等，综合各方面信息才能对一个人做出较合理的判断。